L'HORTICULTURE

DES

ÉCOLES PRIMAIRES

OUVRAGES QUI SE TROUVENT A LA MÊME LIBRAIRIE

Premiers Éléments d'Agriculture, par MM. Bentz, ancien
Directeur d'Ecole normale, et Chrétien (de Roville), professeurs
d'agriculture et d'économie rurale. Ouvrage composé de deux
parties réunies en un volume grand in-18, nouvelle édition,
cartonné.. .... 1 60

Manuel Élémentaire et Classique d'Agriculture, d'Arboriculture et de Jardinage, approprié aux diverses
parties de la France, suivi d'un spécimen d'écritures pour la
comptabilité rurale et de maximes et proverbes agricoles, par
M. L. Gossin, ancien élève de Grignon, professeur d'agriculture
à l'Institut normal agricole de Beauvais. 1 vol. in-12, renfermant plus de 150 figures gravées sur cuivre, intercalées dans le
texte, 7° édition, revue et augmentée, cart........... 1 30

Nouveau Dictionnaire français *ortographique, géographique, historique et mythologique*, par J. George, licencié ès lettres. Nouvelle édition revue avec soin, modifiée et augmentée
du Dictionnaire des Verbes irréguliers. 1 vol. in-18 de 820 p.,
cart... 2 30

Le Petit Secrétaire des Écoles, ou Modèles de lettres sur
tous les sujets et pour toutes les circonstances de la vie; précédés de quelques observations sur le cérémonial des lettres;
suivis du Pétitionnaire et d'un Formulaire d'Actes sous seing
privé, par M. Bescherelle aîné. Nouvelle édition. 1 vol. in-18,
jésus, broché... 1 30

Les Français. Grandes époques de leur histoire. Institutions,
mœurs, progrès industriel et économique, état politique et social,
depuis les Gaulois jusqu'à nos jours. Livre de Lecture; par Eugène Rendu, Inspecteur général de l'Instruction publique. Nouvelle édition, revue et corrigée. 1 vol. in-12, cartonné.   1 55

Tableau de la France politique, administrative, industrielle,
historique, littéraire, pittoresque, etc., *et de ses colonies*, Livre
de lecture, par Louis Collas, professeur d'histoire et de géographie. 1 vol. in-12, cartonné..................... 1 30

Nouveau Traité Élémentaire d'Arithmétique, rédigé pour
l'usage des classes primaires et des cours d'adultes, et renfermant plus de 5,000 exercices et problèmes appliqués à l'Agriculture, au Commerce et à l'Industrie, etc., par E. Luque, professeur de mathématiques. 1 vol. in-12, cartonné..... 1 40

L'HORTICULTURE

DES ÉCOLES PRIMAIRES

Par H. BILLIARD

Chef d'institution, ancien directeur du Jardin d'études
de la Société d'Agriculture de Compiègne,
Secrétaire de la Société d'Horticulture de la même ville.

OUVRAGE RECOMMANDÉ ET COURONNÉ DE DEUX MÉDAILLES
D'ARGENT PAR LE JURY DES EXPOSITIONS HORTICOLES DE COMPIÈGNE
ET D'ARSY, ET D'UN PRIX A L'EXPOSITION SCOLAIRE DE BEAUVAIS

LÉGUMES, FRUITS ET FLEURS DE PLEINE TERRE

2ᵉ Édition revue et corrigée

Dieu créa les arbres et les plantes pour
l'utilité et l'agrément de l'homme.

PARIS

Librairie classique et élémentaire de Ch. FOURAUT et Fils

47, RUE SAINT-ANDRÉ-DES-ARTS, 47

1872

PRÉFACE

—

Grâce à la haute sagesse de Son Excellence
M. le Ministre de l'Instruction publique, l'enseignement horticole prend aujourd'hui la place qui
lui appartient dans les écoles primaires. Tout le
monde en comprend les avantages; les instituteurs surtout en reconnaissent l'utilité au milieu
des campagnes.

C'est à leurs jeunes élèves que je destine cet
ouvrage, dicté par une longue expérience. Puisse-
t-il leur être profitable, je serai alors trop heureux d'être utile encore à ces enfants que j'aime,
et pour lesquels je me suis dévoué depuis longues
années.

PLAN DE L'OUVRAGE

———

A cause des sujets si variés que comporte l'horticulture, il était nécessaire de présenter d'une manière simple et claire les choses qui doivent entrer
dans le cadre que je me suis tracé pour l'enseignement horticole élémentaire.

Pour plus de méthode et de concision, j'ai divisé
ce petit ouvrage en trois parties : la première traite
des légumes cultivés le plus ordinairement dans nos
jardins, avec l'indication de leur origine, de leurs
qualités et de la manière d'en obtenir les meilleurs
résultats possibles.

La deuxième partie traite des arbres fruitiers en
général, avec leur description, leurs avantages, leur
profit. J'ai cru devoir, dans ce travail, suivre la
marche la plus rationnelle en plantant moi-même
l'arbre tout jeune encore, et en le dirigeant chaque
année jusqu'à son complet accroissement.

La troisième partie appartient aux arbres d'agrément et aux fleurs de pleine terre. J'ai dû me res-
treindre ici aux plantes que tout le monde peut cultiver soi-même, sans avoir besoin de recourir à ces
appareils toujours trop coûteux pour les jardins ordinaires. En toutes choses, j'ai voulu surtout conserver le cachet d'une grande simplicité dans les
leçons, afin d'être toujours bien compris des jeunes
intelligences auxquelles j'adresse cet ouvrage.

AUX JEUNES ÉLÈVES

—

C'est au jardin que la plupart des enfants de la campagne commencent les travaux auxquels ils devront se livrer toute leur vie; mais n'ayant aucune notion de la science horticole, ils délaissent bientôt ce travail qui pourrait cependant devenir une source de bien-être pour la famille, et procurer aussi une source de jouissances nobles et pures à un jeune homme instruit et modeste.

Les connaissances que vous allez acquérir, mes chers amis, par l'enseignement de l'horticulture, vous feront connaître la terre que vous cultivez, la manière de la faire produire avec abondance, les trésors que l'on peut tirer de son sein toujours fécond. Le grain que vous confierez au sol, vous en saurez désormais le travail merveilleux de sa germination; vous connaîtrez l'ascension de la séve de vos arbres et pourrez en suivre avec intérêt la croissance, la floraison et la maturité de leurs fruits. Celui qui possède cette science n'est plus une machine humaine qui travaille sans but, sans raison : c'est un être intelligent qui sait, qui comprend et se rend compte à lui-même de tous les phénomènes merveilleux que la nature offre avec tant de prodigalité à son intelligence exercée.

Au point de vue de la morale, les bienfaits de cet

enseignement ne sont pas moins grands que précieux. Pendant les jours de repos, au lieu d'aller
perdre son temps et son argent dans des lieux de
plaisir, souvent la cause du déshonneur, le jeune
homme qui a reçu les notions premières de cette
science si intéressante, aime à revoir les auteurs
qui ont guidé ses premiers travaux horticoles, à les
consulter, à acquérir encore de nouvelles connaissances; quand d'autres travaux ne réclament pas
sa présence, on le voit, joyeux et content, prendre ses
délassements dans le jardin planté de ses mains, étudier et soigner ses arbres, faire des expériences,
offrir à sa mère une fleur ou un fruit qu'il a cultivé
lui-même, et recueillir au sein d'une famille honnête
de ces joies pures et suaves qui constituent le bonheur
de l'homme ici-bas.

Vienne, par fois, l'une de ces luttes pacifiques où
l'horticulture réunit ce qu'elle a de plus beau, de
plus brillant pour se disputer la couronne du vain-
queur, on vous verra prendre part à ces comices
horticoles, étudier avec intérêt le résultat des
expériences nouvelles, vous rendre compte des amé-
liorations et des progrès, et appliquer à votre jardin le résultat de vos observations et de vos études.

C'est ainsi, mes chers enfants, que vous deviendrez
les amis de la science et de la sagesse. Votre vie se
passera, douce, calme et tranquille : douce, comme
le zéphir et les tièdes ondées qui font fructifier vos
arbres et vos plantes; calme et tranquille comme les
heureux compagnons de vos travaux.

L'HORTICULTURE

DES

ÉCOLES PRIMAIRES

PREMIÈRE PARTIE

NOTIONS PRÉLIMINAIRES

De la Germination.

On appelle *germination* le premier développement de la graine confiée à la terre.

C'est sous l'influence de l'humidité, de l'air et de la chaleur que la graine se gonfle, s'ouvre et laisse échapper de petites feuilles nommées cotylédons; alors apparaît la jeune plante.

On appelle *plante* un corps ayant des organes au moyen desquels il existe.

Les *organes* des plantes sont les racines, la tige, les feuilles, les fleurs et le fruit.

La *racine* est la partie de la plante qui s'enfonce dans le sol pour y puiser les substances dont elle se nourrit; on l'appelle pour cette raison organe de la nutrition.

La *tige* est la partie de la plante qui s'élève et qui

donne les feuilles, les fleurs et les fruits ; on la nomme organe de la circulation.

Les *feuilles* sont les parties qui naissent des tiges et des rameaux, et par lesquelles les plantes respirent ; on les appelle organes de la respiration.

Les *fleurs* reproduisent les germes des nouvelles plantes.

Les *fruits* sont la production des plantes et des arbres.

De l'Accroissement des Plantes.

L'*accroissement* est l'augmentation en masse et en étendue des plantes et des arbres.

Il s'opère au moyen des substances fournies par la terre végétale avec le concours de l'eau, et sous l'influence de la lumière et de la chaleur.

L'*eau* a la propriété de dissoudre les sels alimentaires dont la terre nourrit les végétaux ; la *lumière* active pendant l'été surtout les fonctions vitales des plantes ; la *chaleur* en détermine le développement.

De la Circulation de la Séve.

La *séve* est une humeur nutritive qui se répand par tout l'arbre, par toute la plante, et qui fait pousser des fleurs, des feuilles, de nouveau bois.

C'est par les racines que les lantes paspirent l'eau et les substances qui doivent les nourrir ; arrivé dans la tige, ce mélange d'eau et de substances se change en séve qui monte jusqu'aux feuilles où elle subit des modifications sous l'action de l'air et de la lumière : c'est ce qu'on appelle la *séve ascendante*.

Des feuilles, la séve devenue nouveau fluide appelé *cambium*, retourne vers les racines pour leur nutrition, et, dans ce nouveau trajet, elle se change en bois, chaume, fleurs ou fruits; ce second mouvement de la séve se nomme *séve descendante*.

De la Fructification.

On appelle *fructification* la production, le développement des fruits.

La fructification se fait par le *pollen*, lequel n'est autre chose que la poussière fécondante qui s'échappe des *étamines* ou petites poches de la fleur. Une partie du pollen pénètre dans le *pistil* ou embryon du fruit.

Dans certaines fleurs, les étamines et le pistil se trouvent réunis; il y en a d'autres, tel que dans le chanvre, par exemple, où ces deux organes se trouvent sur des pieds différents. Les pieds du chanvre mâle portent les fleurs qui contiennent les étamines, et les pieds de chanvre femelle portent les pistils.

On a souvent remarqué que les mouches et le vent portent la poussière fécondante d'une fleur à l'autre et à des distances assez considérables.

Les plantes qui fleurissent et fructifient dans le cours d'une seule année, sont nommées plantes annuelles; celles qui ne fructifient que la seconde année, reçoivent le nom de plantes bisannuelles.

Qu'appelle-t-on germination ? — Expliquez de quelle manière se fait la germination des graines? — Qu'est-ce qu'une plante ? — Quels sont les organes des plantes? — Qu'est-ce que la racine? — Qu'est-ce que la tige? — Qu'est-ce que les feuilles? — Que reproduisent les fleurs? — Qu'est-ce que les fruits ? — Qu'appelle-t-on accroissement des plantes? — Comment s'opère cet accroissement? — Quelle est la propriété de l'eau? — Que fait la lumière sur les plantes? — Que fait la chaleur sur les plantes? — Qu'est-ce que la séve? — Expliquez la séve ascendante? — Expliquez la séve descendante? — Qu'appelle-t-on fructification? — Comment la fructification se fait-elle? — Toutes les plantes réunissent-elles les étamines et le pistil? — Comment nomme-t-on les plantes qui fleurissent et fructifient la même année? — Et celles qui ne fructifient que la seconde année?

DU POTAGER

La culture des légumes est possible dans tous les sols, pourvu qu'ils aient au moins cinquante centimètres de terre végétale. Les terres humides ou de marais ont cet avantage de faire pousser activement les légumes; mais les légumes racines y sont généralement d'une qualité inférieure à ceux qui sont cultivés dans les terres sablonneuses, douces et perméables, auxquelles on donne de bons engrais.

On doit poser en principe que le potager doit être exposé de manière à recevoir pleinement l'air et la lumière. Les arbres, comme certaines fleurs à haute tige, doivent être bannis du potager si l'on veut en retirer un produit convenable.

Pour plus de méthode dans notre ouvrage, nous diviserons la culture des légumes en deux séries.

La première série comprendra les légumes secs : *haricot, pois, fève.*

La seconde série comprendra :

1° Les légumes verts, tuberculeux et racines : *pomme de terre, carotte, navet, panais, radis, betterave, céleri, raifort, salsifis, igname, cerfeuil bulbeux, oignon, poireau, ail, échalote, ciboule.*

2° Les légumes verts dont on mange les feuilles, les pousses et les fleurs : *chou, laitue, mâche, persil, cerfeuil, oseille, épinard, artichaut, asperges.*

3° Légumes verts à fruits comestibles : *fraisier, tomate, citrouille, melon.*

LÉGUMES SECS

Le Haricot.

Le haricot, qui nous offre un mets simple, agréable et nourrissant, nous vient en partie des Indes-Orientales; d'autres espèces nous ont été apportées de l'Amérique, de l'Espagne et de la Hollande. Mais parmi les nombreuses variétés que l'on cultive aujourd'hui, le haricot de Soissons est le plus recherché dans le commerce.

La culture du haricot demande des soins tout particuliers; elle exige une localité plutôt chaude qu'humide, un sol sain, fertile et peu consistant. Le haricot se sème ou se plante en touffes à quarante centimètres de distance dans les premiers jours de mai et doit être peu recouvert. Quinze jours après, on le bine, et on le butte légèrement ensuite.

Pour les espèces grimpantes, il faut au moment de la plantation enfoncer des rames au milieu des touffes. A la maturité, on met les haricots en petites bottes sèches au grenier ou dans tout autre endroit couvert et bien aéré.

Epoques du semis ou de la plantation pour diverses espèces :
1° Haricot beurre mange tout, 15 mai;
2° Haricot flageolet et de Soissons, à rames, id.
3° Haricot Bagnolet, courant de mai;
4° Haricot noir hâtif de Belgique, id.

Le Pois.

Il est probable que le pois, de même que la lentille, nous vient de l'Egypte; bien cultivé, il est un aliment excellent pour l'homme.

Le pois se plante en mars dans une terre légère, saine, riche et bien préparée ; il exige des sarclages prompts et fréquents. Pour les espèces grimpantes, les touffes devront être espacées comme pour les haricots et ramées aussi dès la plantation.

Époques du semis ou de la plantation :

1° Pois d'Auvergne ou serpette et pois ridé sucré, première quinzaine de mars ;

2° Pois Michaux ordinaire, id., ou en novembre ;

3° Pois Clamart, mai-juillet.

La Fève.

Cette plante, originaire de l'Espagne, et dont la graine est très-nourrissante, demande une terre substantielle, amendée et bien divisée ; c'est ordinairement en février qu'on la plante en lignes à dix centimètres de distance. En coupant les tiges de la fève à ras du sol après la récolte, on obtient souvent des rejetons qui donnent encore des fleurs et des fèves à l'arrière-saison ; mais ce produit n'est pas considérable.

La fève ne compte guère qu'une variété, qui est la fève de marais.

Disons en terminant que les légumes secs cultivés pour leurs graines donnent plus dans un sol neuf que dans un sol richement fumé.

LÉGUMES VERTS TUBERCULEUX ET RACINES

La Pomme de terre.

Parmi les légumes tuberculeux les plus généralement répandus, nous citerons d'abord la pomme de terre, qui nous vient d'Amérique et qui ne fut propagée en France que vers la fin du siècle dernier.

Cette plante agricole et potagère est aujourd'hui classée en première ligne à cause de son utilité. Le riche comme le pauvre la mange avec plaisir; elle est indispensable à la ferme où les animaux en consomment une grande quantité, et sa fécule est employée avec avantage dans bon nombre d'industries.

Certains esprits peu éclairés encore croient que la pomme de terre est peu difficile sur le choix du terrain; c'est une erreur. Aussi la voyons-nous dépérir depuis plusieurs années faute des soins intelligents que réclame sa culture. Les terres sablonneuses ou légèrement calcaires sont celles qui lui conviennent le mieux; les terres humides ou ombragées lui sont toujours pernicieuses.

Pour obtenir de belles pommes de terre, il faut avant l'hiver labourer profondément le terrain que l'on destine à la plantation de ce tubercule, y répandre ensuite une fumure abondante, et au mois de mars donner un nouveau labour. On choisit pour la plantation qui doit avoir lieu alors les pommes de terre d'une grosseur moyenne, que l'on plante à soixante centimètres au moins en tous sens. Au moment de la germination, on sarcle avec la binette, et quand les pousses commencent à fleurir, on butte, mais légèrement, les touffes.

La récolte se fait lorsque les tiges sont entièrement fanées. On ne doit transporter la pomme de terre en cave qu'au moment où elle est bien sèche; et l'on doit aussi, pour sa bonne conservation pendant l'été, la mettre au grenier après les gelées de l'hiver.

Époques de la plantation pour diverses espèces :

1° Quarantaine, première quinzaine de mars;

2° Pommes de terre d'août, deuxième quinzaine de mars;

3° Pommes de terre Chardon, première quinzaine d'avril.

La Carotte.

La carotte est originaire des contrées du nord de l'Afrique ; sa culture dans nos jardins se perd dans la nuit des temps; elle est un légume sain et avec raison estimé.

Parmi ses variétés, on préfère la blanche comme étant la plus rustique, la jaune la plus hâtive; la rouge est la meilleure des trois.

La carotte doit être semée en lignes de vingt-cinq centimètres de distance dans un terrain profond, léger, complétement ameubli. Après le premier binage, il convient de la pailler avec un fumier humide et de retirer au fur et à mesure, selon les besoins de la maison, toutes les jeunes carottes qui peuvent gêner l'accroissement de celles que l'on destine à la conservation.

La récolte de la carotte se fait vers la fin d'octobre; on la conserve en silos saine et fraîche pendant l'hiver.

Epoques du semis pour diverses espèces :

1º Carotte courte hâtive, depuis mars jusqu'à la fin d'août;

2º Demi longue obtuse, en avril;

3º Rouge ou blanche longue, id.

Navet.

Parmi les variétés de cette plante racine répandue depuis des siècles dans tous nos jardins, la plus ancienne est celle de forme ronde nommée en Angleterre *turneps*. La Hollande et l'Ecosse nous ont donné des variétés très-estimées.

Le navet se sème ordinairement en juin et demande un sol frais, léger et bien fumé; sa récolte commence en octobre et peut durer tout l'hiver si les froids ne sont pas trop rigoureux.

Epoque du semis pour les diverses espèces :

1° Navet blanc, plat, hâtif, en avril-juin ;

2° Navet rond de Croissy, id. ;

3° Navet rose du Palatinat, du 15 iuin jusqu'en septembre.

4° Navet rutabaga d'Étampes, fin juin.

Panais.

Cette plante, dont les racines sont employées comme assaisonnement, croît naturellement dans les régions de la Méditerranée ; elle ne tient ordinairement qu'une place très-restreinte dans nos potagers.

La culture du panais exige un sol riche et calcaire.

On le sème à deux époques différentes : d'abord en février pour le récolter en août, et en juillet pour le récolter pendant tout l'hiver, dont il ne craint nullement les froids.

Radis.

Cette jolie petite plante, d'une saveur franchement piquante, nous est venue de la Chine pour embellir nos jardins et nous exciter l'appétit.

La plupart des petites variétés se sèment au printemps sur une terre mélangée de bon terreau. Pendant les chaleurs, il est bon d'arroser souvent si l'on veut en hâter la maturation.

Epoques du semis pour diverses espèces :

1° Radis rond rose, au printemps ;

1.

2° Radis jaune d'été, première quinzaine de mai;

3° Radis noir d'hiver, du 15 mai au 1ᵉʳ juillet.

Les derniers semis se conservent le mieux en cave.

Betterave.

La betterave nous fut apportée d'Italie au commencement du seizième siècle. Parmi les variétés, deux seulement, la rouge et la jaune, dites betteraves de table, sont cultivées dans le potager, où elles n'occupent aussi qu'une place bien secondaire.

On la sème au printemps par lignes espacées de cinquante centimètres dans une terre riche en engrais et bien préparée. La récolte de ce légume se fait en octobre et exige, pour sa bonne conservation, les mêmes soins que la pomme de terre.

Céleri.

Le céleri se trouve presque partout à l'état inculte; mais celui que l'on cultive au jardin est un aliment agréable et sain.

On sème le céleri au mois de mai, dans une terre riche en engrais ; on le repique en lignes distantes de trente centimètres lorsque la tige le permet, c'est-à-dire environ six semaines après le semis, selon qu'elle est devenue plus ou moins vigoureuse. Un point important pour obtenir de bons résultats dans cette culture, c'est d'arroser copieusement pendant l'été. A l'automne, on butte fortement la plante, et ce n'est qu'au moment où elle a blanchi qu'elle a acquis cette odeur aromatique qui fait son principal mérite.

Raifort.

Cette plante, qui tend aujourd'hui à se généra-
liser, se cultive pour sa racine, que l'on coupe par
tranches pour la laisser macérer dans du sel, puis
l'assaisonner avec de l'huile et du vinaigre pour la
manger ensuite avec le bouilli. Pris en petite quantité, c'est un bon digestif, qui convient surtout aux
personnes dont l'estomac paresseux a besoin de sti-
mulant.

Le raifort aime la terre fraîche et ombragée; on
le multiplie de tronçons de racines que l'on met en
terre au printemps.

Salsifis.

C'est vers la fin de mars que l'on sème cette
plante indigène, à racines allongées, nourrissante
et d'un goût agréable. Il faut, si l'on veut obtenir
une récolte productive, la mettre dans une terre
riche, substantielle, et en lignes distancées de vingt
centimètres.

La récolte du salsifis se fait au mois d'octobre de
la première année; le scorsonère ou salsifis noir
d'Espagne ne se récolte que l'année suivante.

Igname.

C'est de la Chine que nous est venu tout récem-
ment ce tubercule farineux et de bon goût. Pour
obtenir une récolte avantageuse de l'igname, il faut
au mois de mars retrancher les deux tiers de la
longueur du tubercule, livrer cette partie retran-
chée à la consommation, pour ne planter que le

tronçon inférieur à dix centimètres de profondeur et à quatre-vingts de distance, en ayant soin de relever la pointe de trois à quatre centimètres vers la surface du sol.

Ce tubercule réussit bien dans une terre meuble, riche et profonde ; son poids peut arriver jusqu'à six et même huit kilogrammes. La tige qui pousse jusqu'à trois et quatre mètres de longueur et dont la fleur est belle, doit être laissée traînante sur le sol.

Peu connue encore, cette plante est appelée, j'ose le dire, à rendre quelques services. Les personnes faibles ou maladives y trouvent un aliment sain et léger. On l'extrait de la terre au mois d'octobre de la première ou de la seconde année, selon qu'on désire l'avoir plus ou moins volumineuse.

Cerfeuil bulbeux.

Il y a à peine quelques années que nous est venue de la Bavière cette plante d'un goût exquis et très-nutritive ; aujourd'hui elle tient honorablement sa place dans les jardins les plus ordinaires.

Le cerfeuil bulbeux exige une terre fraîche et fortement fumée ; c'est à la fin de septembre qu'on le sème ordinairement en rayons espacés de cinq à six centimètres. Au mois de mai, on ôte les mauvaises herbes avec précaution, et au mois de juin on peut déjà enlever une partie des tubercules au fur et à mesure des besoins ; mais ce n'est que vers le milieu du mois d'août que ce légume prend le délicieux parfum qui le caractérise et en fait un plat d'une grande délicatesse.

Oignon.

D'après l'histoire, ce sont les Egyptiens qui les premiers auraient cultivé cette plante, aujourd'hui universellement répandue et qui rend d'incontestables services dans tous les ménages.

L'oignon aime une terre légère, riche en engrais déjà vieilli ; il se sème en mars et exige des sarclages successifs. Lorsque les oignons ont acquis tout leur développement, on couche les tiges pour hâter la maturation de la bulbe.

Au moment où les tiges sont desséchées, on arrache les oignons, que l'on expose au soleil pendant plusieurs jours, pour les mettre ensuite au grenier, où ils devront être couverts avec de la paille pendant les froids pour qu'ils ne gèlent pas.

L'oignon blanc se sème en août pour être repique en octobre ; si alors on a la précaution de le pailler avec soin, on peut compter sur une récolte abondante et très-utile pour le printemps suivant.

Epoques du semis pour diverses espèces :

1° Oignon blanc hâtif, fin août et en septembre ;

2° Oignon jaune des V   tus, fin février et en mars ;

3° Oignon rouge pâle ordinaire, premiers jours de mars.

Poireau.

Le poireau, originaire de la Suisse, se sème en mars, dans une terre substantielle ayant été fumée aussi dès l'année précédente.

Lorsque cette plante a acquis à peu près deux centimètres de circonférence, on la repique en lignes, par un temps pluvieux, dans une terre bien ameublie, en ayant soin préalablement de couper l'extrémité des feuilles et des racines. Pendant l'été, on arrosera fréquemment avec de l'eau mélangée d'un quart de purin, et, à l'automne, on buttera, afin que la tige blanchisse sur une certaine longueur.

Ail.

Cette plante bulbeuse, d'un goût fort, d'une odeur piquante, est originaire des contrées méridionales de l'Europe.

La graine de l'ail demande à être semée dans une terre forte assez abondamment fumée; la première année, elle ne produit qu'une seule bulbe, qui, replantée en bordure au printemps suivant, devient une tête d'ail ou gousse. Au moment où la tige commence à se faner, il est urgent d'en faire un nœud pour concentrer toute l'action de la sève vers la racine.

L'ail est en grand honneur dans la cuisine des peuples méridionaux; mêlé en petite quantité aux aliments, il convient aux personnes faibles pour aider leur digestion, et il est encore propre, par l'excitation générale qu'il produit, à résister aux miasmes délétères dans les temps des épidémies.

Échalotte.

Cette plante, de la même famille que l'ail, est profitable dans le ménage où elle joue un rôle assez important dans l'art culinaire.

On la multiplie aussi par la plantation de ses bulbes, en choisissant de préférence les petites comme étant les meilleures et les plus fertiles.

Au moment de la récolte, on aura pour cette plante, comme pour l'ail, exactement les mêmes soins que pour les oignons.

Ciboule.

On cultive deux espèces de ciboules, dont l'une a le feuillage de l'oignon, et l'autre les feuilles très-fines.

Ces deux plantes, employées pour exciter l'appétit, se cultivent absolument de la même manière; on les sème en mars dans une terre légère et substantielle; deux mois après, on les multiplie par éclat de pied que l'on plante à quinze centimètres environ de distance; traitées ainsi, ces plantes durent longtemps.

Chou.

Le chou, qui nous vient du littoral de la Méditerranée, est aujourd'hui cultivé partout comme plante alimentaire. Dès la plus haute antiquité, il a été en usage parmi les hommes qui l'ont eu longtemps en vénération, et le considéraient comme propre à guérir certaines maladies.

On sème le chou ordinaire au mois de mars dans une terre bien préparée; en juin, on le plante dans un sol riche et bien ameubli, à la distance de soixante centimètres au moins en tous sens; on l'arrose jusqu'à ce que la reprise soit assurée.

Le chou demande à être biné fréquemment; au mois d'octobre, on le butte légèrement, et pendant l'hiver, il est indispensable de détacher les feuilles qui jaunissent. Si ce légume doit rester pendant tout l'hiver au jardin, le seul moyen de bonne conservation est de l'arracher, puis d'enterrer toute sa tige en tournant sa pomme en plein nord.

Époque du semis pour diverses espèces :

1° Chou Milan court hâtif, depuis le 15 mars ;

2° Chou gros des Vertus, courant d'avril ;

3° Chou ordinaire, id. ;

4° Chou de Vaugirard, 15 mai ;

5° Chou cœur de bœuf, deuxième quinzaine d'août ;

6° Chou d'York, courant de septembre.

Laitue.

Parmi les principales variétés cultivées en France, plusieurs nous viennent de l'Asie, et d'autres des États-Romains.

On sème la laitue ordinairement en mars sur une terre bien préparée, ou mieux encore sur terreau, et on la replante en avril à vingt centimètres de distance.

Cette plante aime une terre douce mélangée de vieux engrais ; sa culture est facile dans ce terrain, surtout si l'on a de l'eau en abondance pour la faire croître vite, condition indispensable pour l'avoir tendre.

Pour la laitue d'été, il est de première nécessité, si on veut l'avoir belle, d'entretenir le sol constamment frais au moyen de fumier ou de terreau.

La laitue d'hiver se sème vers la fin d'août ; on la repique contre les murs dans la première quinzaine d'octobre, pour la mettre à l'abri des intempéries de l'hiver.

Le grand nombre de variétés de salades permet d'en avoir au jardin en toutes saisons, si la plantation est faite avec soin et intelligence.

Époques du semis pour diverses variétés :

1° Laitue blonde de Versailles, au premier printemps jusqu'à la fin de juin ;

2° La grosse brune ou grosse maraîchère, depuis mars jusqu'à la fin de juin ;

3° Brune d'hiver ou Passion, fin août et première quinzaine de septembre.

Mâche.

Cette petite salade, que l'on trouve pendant l'hiver dans les champs calcaires, nous offre une ressource précieuse dans nos jardins, où il est toujours facile d'en semer après la récolte des pommes de terre ou des haricots.

Pour assurer la réussite du semis, il est bon de le couvrir d'un paillis humide, mais léger, que l'on enlèvera dans la première quinzaine de novembre. Les premiers semis de mâche se font au commencement d'août.

Persil et Cerfeuil.

Ces deux plantes aromatiques, toujours si utiles au ménage, se cultivent de même et ordinairement en bordure. Il est facile d'en avoir au jardin pendant toute l'année en semant une première fois au printemps à une belle exposition, et ensuite en juin dans un endroit abrité des rayons du soleil.

Oseille.

On fait aujourd'hui un grand usage des feuilles de cette plante alimentaire et rafraîchissante. Trouvée à l'état sauvage, elle s'est perfectionnée dans nos jardins où elle a produit des variétés bien précieuses, parmi lesquelles nous citerons l'oseille de

Belleville à feuilles larges, moins acide que l'oseille commune.

Cette plante n'est pas difficile sur le choix du terrain ; elle se plaît et pousse partout. La chaleur de l'été augmentant son acidité, il est bon d'en semer à l'exposition du nord pour cette saison.

Dans les jardins ordinaires, c'est presque toujours en bordure qu'on la sème au printemps ; on peut aussi la multiplier par éclats des pieds en les plantant de quinze à vingt centimètres de distance, suivant l'espèce à feuilles plus ou moins larges.

Épinards.

Le principal mérite de cette plante, qui nous vient de l'Angleterre, est son extrême précocité ; ses feuilles, qui nous procurent un ragoût estimé, ont la saveur plus douce, plus agréable que celles de l'oseille.

L'épinard se sème en mars en lignes espacées de trente centimètres pour la consommation de l'été ; il se sème encore en août et septembre pour celle de l'automne, de l'hiver et du printemps.

Artichaut.

Cette plante, dont on ne mange que les fleurs appelées tête, est originaire de l'Ethiopie ; ce ne fut que dans le siècle précédent que l'on commença à la cultiver en France.

L'artichaut se plante à 1 mètre 50 de distance ; il occupe le sol pendant plusieurs années et demande une terre profonde, riche en humus. Au mois de novembre, on le butte et on le couvre de paille ou de feuilles pour le garantir des froids de l'hiver.

Au mois de mars, on enlève les buttes et la paille ou les feuilles qui couvrent l'artichaut ; un mois plus tard, on enlève aussi les œilletons ou jeunes pousses des racines, pour ne laisser que les deux plus beaux sur chaque pied ; souvent même on en laisse qu'un seul, et cela vaut mieux.

C'est ordinairement par les œilletons que cette plante se multiplie. Il est urgent, en les replantant, d'apporter une grande attention à ne les enterrer que de deux ou trois centimètres au plus.

Asperges.

La France a les honneurs d'avoir la première cultivé l'asperge, dont les pousses nous procurent au printemps un des mets les plus estimés.

Parmi les variétés aujourd'hui répandues, l'asperge améliorée d'Argenteuil paraît jouir d'une préférence qui peut être méritée à bien des égards.

Ce végétal exige un sol léger, très-sain, bien préparé et beaucoup d'engrais. Ces qualités réunies pour obtenir un beau plant, on fait avant l'hiver des tranchées larges et profondes de vingt centimètres, à la distance de 1 mètre 20 les unes des autres. Au mois de mars, on forme avec la main au milieu de ces tranchées de petites buttes coniques de dix centimètres d'élévation, distancées d'un mètre au moins, sur lesquelles on étend soigneusement les jeunes griffes que l'on entoure et couvre de bonne terre mélangée de terreau ; ce premier travail terminé, les tranchées devront être comblées de fumier, le terrain bien nivelé et biné fréquemment pendant l'été.

Au mois de novembre suivant, et à chaque année de même, il est de toute nécessité d'étendre un bon

fumier sur le plant d'asperges, en ayant soin toutefois de ne pas en couvrir les jeunes pousses qui
n'ont rien à craindre des froids de l'hiver. Au printemps suivant, après avoir enfoui le fumier avec la
précaution de ne pas toucher aux griffes, on pourra
planter de la salade ou des pois nains, ou encore
semer des radis entre les routes d'asperges. Le binage et le sarclage ne seront pas ménagés pendant
cette seconde période.

Dans le courant du mois de mars de la troisième
année, doit se faire le travail le plus important : le
buttage des asperges. On ramasse à cet effet avec la
binette, autour de chaque touffe, une quantité de
terre pour la mettre en élévation d'au moins quinze
centimètres du niveau du sol. Lorsque les pousses
apparaissent en mai, on peut alors, mais avec mo-
dération, faire la première cueille des asperges si
impatiemment attendues. Il suffira pour les cueillir
d'ouvrir avec soin la butte et de casser l'asperge au
collet des griffes, le couteau leur étant toujours
pernicieux.

Vers la fin d'octobre de chaque année, aura lieu
le débuttage des asperges, et, en même temps, la
coupe des tiges desséchées.

Ce mode de culture, qui est celui d'Argenteuil,
est bien supérieur à tous les autres. Un hectare
ainsi cultivé en asperges produit de trois à six mille
francs par année.

LÉGUMES VERTS A FRUITS COMESTIBLES

Fraisier.

Cette plante, dont le fruit fait les délices de nos
tables, est aujourd'hui pour ainsi dire répandue dans
toutes les contrées de la terre.

Le fraisier aime en général une terre légère, meuble et fraîche. Parmi les nombreuses variétés qui ornent nos jardins, on cultive toujours de préférence et avec raison celle dite des quatre-saisons, qui nous donne les premiers fruits ; elle est aussi celle qui donne le plus longtemps. Les arrosements fréquents lui sont nécessaires ; le fumier abondant altère le parfum du fruit.

Il est utile, dans les premiers jours de mai, d'étendre de la paille autour des fraisiers pour éviter que le fruit ne se salisse au contact de la terre au moment des pluies ou des arrosages.

Le fraisier se plante en mars ou en septembre à une distance de trente centimètres de jeunes coulants pris sur les pieds les plus fertiles. Tous les trois ou quatre ans au plus, on le renouvelle avec les jeunes pieds qu'il multiplie à l'infini, si l'on n'a pas soin de couper les coulants deux fois au moins pendant l'été.

Choix des variétés. Avec les quatre-saisons, nous recommandons :

1° La Marguerite Lebreton, très-grosse, très-hâtive ;

2° La Victoria, grosse, demi-hâtive ;

3° La Napoléon III, grosse, très-hâtive ;

4° La sir Joseph Paxton, excellente et d'un transport facile.

Tomate.

C'est du Mexique que nous vient ce fruit rouge dont on fait des sauces qui ont une acidité légère et agréable. On sème la graine de bonne heure, en février au plus tard, dans du terreau bien préparé et sur couche ; on repique ensuite la plante à un mètre de distance quand les gelées ne sont plus à craindre.

Lorsque la tige est arrivée à la hauteur de vingt-cinq centimètres, il faut l'attacher à un échalas ayant au moins un mètre d'élévation.

Pour obtenir de belles tomates, il est nécessaire d'abord d'enlever les branches trop rapprochées de la terre. On pince ensuite les extrémités des deux ou trois branches conservées lorsqu'elles sont en fleurs et longues de cinquante à quatre-vingts centimètres, en ayant soin alors d'enlever tous les faux bourgeons; plus tard, on effeuille pour exposer les fruits au soleil.

Courge, Citrouille, Potiron.

Les plantes de cette famille, originaires des pays chauds, aiment la chaleur et l'humidité. Le moyen le plus certain d'obtenir de beaux potirons est de creuser aux premiers jours de mai un trou d'un mètre carré à une profondeur de trente centimètres au moins, emplir ce trou de fumier bien fait, et mettre dessus une épaisseur de vingt centimètres de bonne terre dans laquelle on mélange soit du terreau ou préférablement le fond du fumier de cour.

Cette couche disposée, on plante huit grains pour ne laisser plus tard que les quatre pieds plus forts. Il est nécessaire d'abriter, pendant quelques nuits, les jeunes pousses que l'on abandonnera ensuite à leur développement naturel, en ayant soin cependant de leur donner des arrosages copieux de temps en temps.

Melon.

Une couche et des cloches en verre sont d'abord les choses indispensables pour obtenir le melon apporté de l'Asie, et dont la saveur et le parfum en font un mets des plus recherchés.

La couche ordinaire pour les melons se fait dans la dernière quinzaine d'avril en mélangeant le fumier de cheval avec celui de vache. Le mélange bien proportionné, on fait un tas d'une longueur et d'une largeur relatives à la quantité de fumier dont on peut disposer, en observant toutefois que la couche bien tassée avec les pieds doit avoir au mons soixante-dix centimètres d'élévation. Après l'avoir nivelée, on la recouvre de vingt centimètres de bonne terre dans laquelle on a dû ajouter un quart de terreau; lorsque cette couche a jeté son premier feu, c'est-à-dire sept ou huit jours plus tard, on peut y placer la graine de melon dans un trou de deux ou trois centimètres au plus, et à quatre-vingts centimètres de distance.

Ces graines seront couvertes d'abord d'un pot à fleurs, et le tout recouvert d'une cloche; le pot sera ôté dès que les jeunes pousses auront atteint déjà un certain accroissement. Huit jours plus tard, si le temps le permet, on pourra donner de l'air pendant le jour en levant un peu la cloche du côté opposé à la lumière. Les arrosages auront lieu modérément tous les quatre à cinq jours.

Dès que la jeune tige aura atteint une longueur de quatre à cinq feuilles, on la coupera à deux feuilles non compris les cotylédons; ce premier pincement provoquera le développement de deux bourgeons que l'on coupera aussi à cinq ou six feuilles. Les nouveaux bourgeons qui en sortiront donneront le fruit, et seront coupés ensuite à deux ou trois feuilles au-dessus du fruit.

La couche est d'une grande importance en horti-culture; elle peut servir, en dehors de la culture du melon, à faire activer la germination des graines et le développement des plantes en général. Au printemps suivant, elle offre encore une ressource précieuse pour le jardin; car le fumier converti en terreau peut être employé avec avantage pour les semis ou plantations de toute nature.

Nous croyons utile de faire observer, en terminant, que les légumes verts ne peuvent être réellement beaux, si on ne leur donne une riche fumure en engrais déjà un peu décomposé.

DEUXIÈME PARTIE

—

DES ARBRES FRUITIERS

—

Parmi les nombreuses et belles variétés d'arbres répandues sur la surface de la terre, il n'y en a pas une seule espèce qui ne soit utile ou agréable à l'homme. Les uns nous fournissent le bois de construction ou de chauffage; d'autres nous abritent de leur ombrage; d'autres encore ornent nos jardins et récréent notre vue par leur verdure et leurs fleurs ; d'autres enfin nous payent le tribut des fruits les plus précieux et les plus variés : c'est uniquement de ces dernières espèces que nous allons nous occuper ici ; mais parlons d'abord de la composition de l'arbre.

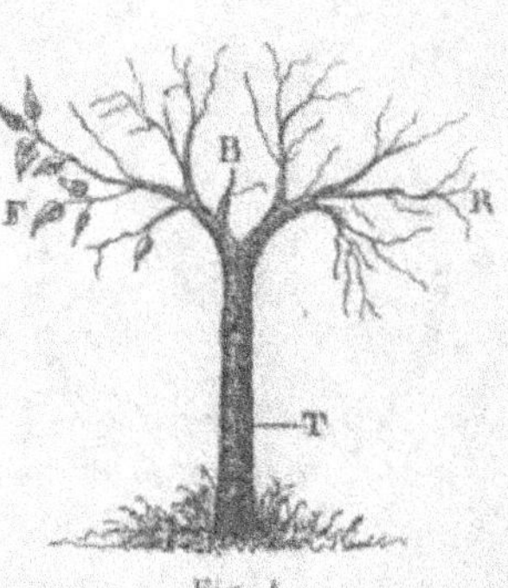

Fig. 1.

Un *arbre*, figure 1, est un végétal ligneux qui se compose d'un tronc et de branches.

Le *tronc*, T, fig. 1, est la partie de l'arbre qui s'élève à une certaine hauteur sans se ramifier.

Les *branches*, B, fig. 1, sont les ramifications provenant du tronc de l'arbre.

On appelle *rameaux*, R, fig. 1, les parties dévelop-
pées par les branches.

On appelle *feuilles*, F, fig. 1, les parties du végétal
qui naissent des tiges ou des rameaux.

Un *bourgeon*, fig. 2, est la pousse de l'année sur
les rameaux.

On appelle *bourgeons anticipés*, B, A, fig. 2, ceux
qui naissent sur les bourgeons or-
dinaires.

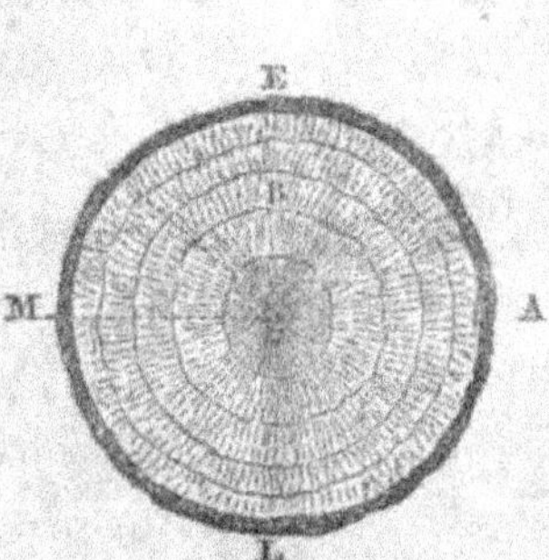
Fig. 2.

Les *boutons*, B, fig. 2, sont les
germes fournis par les bourgeons.

Plusieurs arbres à fruits portent
deux sortes de boutons : les coniques ou pointus, C, P, fig. 2, qu'on
appelle *boutons à bois;* les courts et
renflés par le bout, C, R, fig. 2,
qu'on appelle *boutons à fruits*.

Un *œil*, O, fig. 2, est une petite
excroissance qui paraît à l'aisselle des feuilles.

Les *yeux stipulaires*, Y, S, fig. 2, sont ceux qui
naissent de chaque côté de l'œil principal.

Le tronc et les branches
des arbres sont composés
d'une multitude de fibres
superposées, ayant pour
centre commun la moelle,
qui est une substance spon-
gieuse, M, fig. 3.

Parmi ces couches de
fibres, on distingue le bois,
l'aubier, le liber et l'é-
corce.

Fig. 3.

Le *bois*, B, fig. 3, est la
substance dure et compacte des arbres.

L'*aubier*, A, fig. 3, est le bois tendre qui est entre

l'écorce et le bois de l'arbre; c'est principalement à travers l'aubier que monte la sève.

Le *liber*, L, fig. 3, est composé de feuilles minces et déliées dont l'ensemble constitue la partie interne de l'écorce.

L'*écorce*, E, fig. 3, est la partie qui enveloppe l'arbre; c'est entre l'écorce et l'aubier que descend la sève.

Le point intermédiaire, C, fig. 4, entre les racines et le tronc de l'arbre, se nomme *collet*.

On appelle *racines* d'un arbre, R, fig. 4, les parties par lesquelles il tient à la terre.

Le *pivot* de l'arbre, P, fig. 4, est la racine principale qui s'enfonce directement en terre.

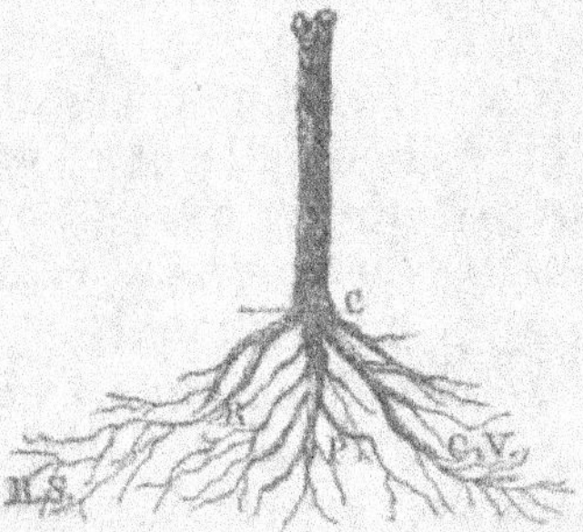

Le *chevelu*, C, V, fig. 4,

Fig. 4.

est l'ensemble des ramifications qui prennent naissance aux racines.

Les *radicelles*, R, S, fig. 4, sont les dernières extrémités du chevelu des racines, par lesquelles l'arbre puise sa principale nourriture.

Le fluide principal qui donne la vie aux arbres comme aux plantes, c'est la sève.

<hr>

Qu'est-ce qu'un arbre et de quoi se compose-t-il? — Qu'appelle-t-on tronc d'arbre? — Qu'appelle-t-on branches d'un arbre? — Qu'appelle-t-on rameaux? — Qu'appelle-t-on feuilles? — Qu'est-ce qu'un bourgeon? — Qu'appelle-t-on bourgeons anticipés? — Qu'est-ce qu'un bouton? — Citez les deux sortes de boutons? — Qu'est-ce qu'un œil? — Où naissent les yeux stipulaires? — De quoi sont composés le tronc et les branches d'un arbre? — Qu'appelle-t-on moelle de l'arbre? — Que distingue-t-on parmi les couches de l'arbre? — Qu'est-ce que le bois? — Qu'est-ce que l'aubier? — De quoi est composé le liber? — Qu'est-ce que l'écorce? — Par où monte la sève? — Par où descend la sève? — Où se trouve le collet de l'arbre? — Qu'appelle-t-on racines de l'arbre ? — Qu'appelle-t-on pivot de l'arbre ? — Qu'appelle-t-on chevelu de l'arbre ? — Qu'appelle-t-on radicelles ? — Quel est le fluide principal qui donne la vie aux arbres comme aux plantes ?

Multiplication des arbres fruitiers.

Les arbres fruitiers se reproduisent naturellement par le semis de leurs graines appelées pepins ou noyaux ; mais, comme la reproduction de leurs fruits n'est pas identique par ce procédé, on a recours à la greffe.

La *greffe* est une opération très-usitée dans le jardin fruitier ; elle est d'une grande importance en arboriculture : c'est par elle que l'on propage les bonnes variétés de nos fruits, dont elle augmente la qualité et le volume.

Disons d'abord que l'on ne peut greffer l'une sur l'autre que des variétés de même espèce ; ainsi un cerisier ne peut être greffé sur un pommier, ni un poirier sur un abricotier. Il importe aussi, au moment où l'on opère, que la température soit douce et que les sujets soient suffisamment en séve pour l'alimentation des greffes.

Les quatre manières principales de greffer les arbres fruitiers sont : la greffe en fente, la greffe en couronne, la greffe en écusson et la greffe par approche.

Comment se reproduisent les arbres fruitiers ? — Les arbres venus de pépins ou de noyaux reproduisent-ils les mêmes fruits ? — A quoi a-t-on recours pour la reproduction des fruits ? — Qu'est-ce que la greffe ? — Peut-on greffer l'une sur l'autre des variétés différentes ? — Quelles sont les quatre manières principales de greffer ?

De la greffe en fente.

C'est ordinairement en avril que l'on fait la greffe en fente. Cette opération consiste à couper le sujet en travers, à faire ensuite une fente plus ou moins prolongée au milieu du sujet, et à placer dans cette fente une greffe privée de sa pointe au-dessus du troisième œil. S, fig. 5, représente le sujet disposé à être greffé ; G, même figure, représente la greffe, et S, G, le sujet greffé.

Cette opération faite, on ligature, c'est-à-dire on lie la greffe pour la maintenir, et si le sujet est fort, on garantit les plaies du contact de l'air en les couvrant avec de la cire à greffer, ou à défaut de cette substance, avec de l'onguent de Saint-Fiacre, que l'on enveloppe de linge (1).

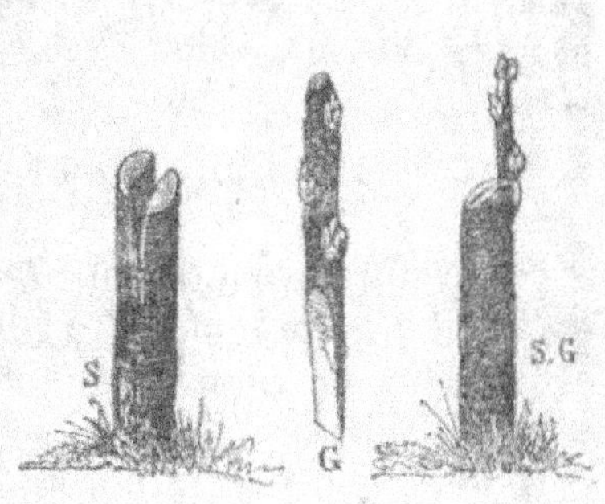

Fig. 5.

On doit choisir pour greffes des rameaux bien développés de l'année précédente, et coupés quelques jours auparavant pour arrêter leur entrée en séve. La greffe doit être taillée en biseau, c'est-à-dire que le côté destiné au dehors soit plus épais que celui qui doit être au dedans.

Pour qu'une greffe réussisse, le point essentiel est de faire coïncider ou correspondre exactement le liber ou la partie interne de la greffe avec la même partie du sujet.

Voici comment s'explique la reprise de la greffe : Au moment où les vaisseaux de la greffe se trouvent appliqués sur ceux du sujet, la séve de celui-ci passe dans la greffe dont les yeux s'allongent, et

____

(1) On appelle onguent de Saint-Fiacre, un mélange par portions égales de terre glaise et de bouse de vache.

laissent échapper bientôt les premières feuilles, qui transforment en cambium la séve fournie par le sujet; le cambium, en descendant, soude les plaies de la greffe, et la reprise est assurée.

De la greffe en couronne.

La greffe en couronne se place autour de l'arbre ou de la branche, entre le bois et l'écorce qui *seule* est fendue sur une longueur de six à huit centimètres environ.

Il faut, pour cette opération, tailler la greffe, à sa partie inférieure, en bec de flûte que l'on surmonte d'un cran. Cette disposition prise, on introduit la greffe entre le bois et l'écorce jusqu'à son cran, et l'on prend ensuite les soins indiqués pour la greffe en fente. S, fig. 6, représente l'arbre ou la branche disposée à recevoir la greffe; G, même figure, la greffe; A, G, l'arbre greffé.

Fig. 6

Cette greffe a pour but de changer la nature des fruits sur des arbres déjà avancés en âge; on peut en placer ainsi autant que la grosseur de l'arbre ou de la branche le permet, en observant, toutefois, qu'il faut au moins huit centimètres d'intervalle entre les greffes.

C'est ordinairement aussi au printemps, quand les arbres sont bien en séve, que l'on greffe en couronne.

De la greffe en écusson.

La greffe en écusson est aujourd'hui la plus usitée pour les jeunes arbres fruitiers. Cette opération consiste à faire une incision sur le sujet, et à introduire dans cette incision une petite plaque d'écorce garnie vers son milieu d'un œil bien constitué; S, fig. 7, représente le sujet disposé à recevoir la greffe en écusson; E, l'écusson; S, E, le sujet écussonné.

Fig. 7.

L'écusson doit être enlevé d'un seul coup sur le milieu d'un rameau de l'année; il s'obtient en faisant glisser la lame du greffoir entre l'écorce et l'aubier, de manière à n'enlever aucune partie de bois, mais un peu d'aubier seulement. On a dû, avant l'enlèvement de l'écusson, couper la feuille qui touche à l'œil, en conservant une partie du pétiole (queue de la feuille), qui sert alors à introduire l'écusson, et plus tard à avertir, par sa chute, du succès de l'opération.

Après ce premier travail, on pratique sur l'écorce du sujet, à cinq ou six centimètres du sol, deux incisions, l'une transversale et l'autre longitudinale, de manière à former un T. On écarte d'abord les lèvres de l'incision longitudinale avec la spatule du greffoir pour les détacher de l'aubier; puis tenant l'écusson que l'on a préparé par la partie conservée du pétiole, on l'introduit dans cette incision que l'on ferme aussitôt sur l'écorce de l'écusson.

L'opération terminée, on lie la plaie sans trop serrer, en ayant soin de ne pas couvrir l'œil de la greffe. Environ deux mois après, dès que la reprise de la greffe est assurée, il est bon de surveiller la ligature pour la desserrer ou l'enlever au besoin.

Au mois de mai suivant, on supprime tous les bourgeons qui naissent du sujet auquel on coupe en même temps la tête à dix centimètres au-dessus de l'écusson, T, fig. 8; lorsque la pousse de l'écusson a atteint environ douze à quinze centimètres en longueur, on l'attache à cette partie restante du sujet qui lui sert de tuteur et que l'on nomme onglet, O, fig. 8. Cet onglet sera coupé près de la greffe vers la fin du mois d'août, pour laisser alors toute liberté au nouveau sujet, S L, fig. 8.

On peut faire la greffe en écusson à deux époques de l'année, au printemps et vers la fin de l'été. Faite au printemps, on l'appelle écusson à *œil poussant*, parce

Fig. 8.

qu'elle pousse de suite; faite à la fin de l'été, on l'appelle écusson à *œil dormant*, parce qu'elle ne pousse qu'au printemps suivant. Cette dernière saison est généralement adoptée, parce que l'écusson a plus de temps pour bien s'unir au sujet avant de boutonner.

Cette greffe peut se poser de même sur les membres des pommiers et des poiriers où il existe des endroits dénudés, soit pour rendre la charpente régulière, soit encore pour donner au membre un rameau dont il a besoin.

Greffe avec des productions fruitières.

L'expérience nous a fait connaître que l'on pouvait greffer aussi de la même manière des productions fruitières, telles que *boutons à fruits*, B F. fig. 9; *dard*, D; *lambourde*, L; et *brindille*, B. Ce procédé consiste à prendre ces greffes sur des arbres sains où elles se trouvent en abondance pour les poser sur des arbres de même espèce vigoureux, mais stériles; ces sortes de greffes seront taillées en biseau très-allongé, B, fig. 10. On pratiquera à cet effet la même incision que pour l'écusson ordinaire, mais avec cette différence qu'on aura soin d'enlever au-dessus du T une partie de l'écorce pour que le sommet du biseau y

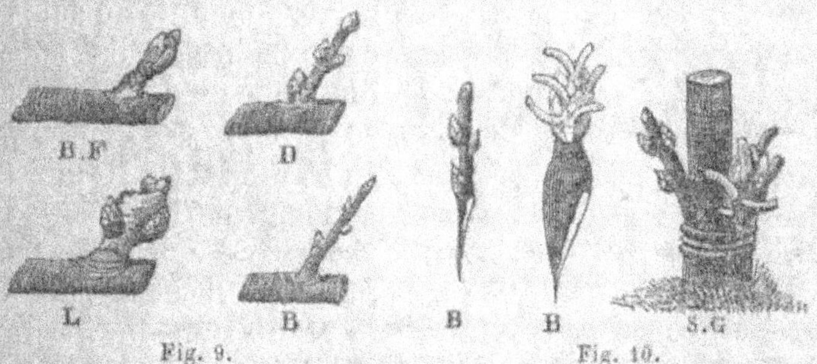

Fig. 9.   Fig. 10.

soit appuyé sans gêne, S, G, fig. 10. On ligature en-

2.

suite fortement, et l'on mastique avec soin toutes les ouvertures qui peuvent résulter de l'opération.

Ces productions fruitières ne doivent être greffées que sur le pommier ou le poirier; si l'opération a été faite avec soin et intelligence, elles fleuriront au printemps suivant, et donneront à l'automne des fruits plus beaux que si elles fussent restées sur l'arbre qui les a produites.

Peut-on écussonner autres choses que des yeux de bourgeons? — En quoi consiste ce procédé? — Comment doivent être taillées ces sortes de greffes? — A quelle époque doivent être greffées ces productions fruitières?

De la greffe par approche.

Une greffe par approche est l'union de deux arbres, de deux branches, d'une branche avec l'arbre, ou d'un bourgeon avec une autre branche.

Ce mode de greffe, le plus ancien que l'on connaisse sans doute, se fait naturellement dans les forêts, dans les vergers et même dans les haies où les arbres et les arbustes, froissés l'un contre l'autre, se sont écorcés et soudés ensemble.

Pour greffer par approche, il suffit, à l'époque du printemps, d'enlever une portion d'écorce d'égales

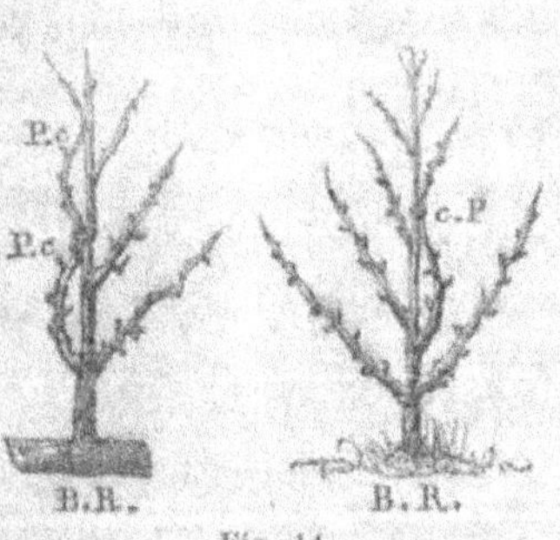

Fig. 11.

dimensions aux endroits correspondants du sujet et de la greffe, de manière que les deux plaies se couvrent exactement, P, P, fig. 11. On lie alors solidement les parties rapprochées, mastiquées au besoin; et pendant la végétation la greffe se soude bientôt à la partie de l'arbre à laquelle elle est attachée.

Cette greffe s'emploie le plus ordinairement pour établir une branche ou un rameau sur les parties dénudées de l'arbre, pour la beauté et la régularité des formes, B, R, fig. 11.

Au printemps suivant, quand la greffe est bien soudée, on la sèvre alors; c'est-à-dire qu'on la coupe au-dessous de son attache, *CC*, fig. 11.

Les bourgeons des pommiers, des poiriers et des pêchers ne peuvent se greffer par approche qu'au moment où ils sont arrivés à l'état ligneux, ce qui a eu lieu dans le courant de la seconde quinzaine de juin.

Qu'est-ce qu'une greffe par approche? — Comment greffe-t-on par approche? — Pourquoi s'emploie cette greffe? — Que faut-il faire quand la greffe est soudée? — A quel moment peuvent se greffer ainsi les bourgeons de certains arbres?

De la bouture et de la marcotte.

Les arbres et les plantes se multiplient aussi par bouture et par marcotte.

La *bouture* est une branche ou un bourgeon, ou un œil, ou même une feuille détachée de la tige mère, et que l'on plante pour lui faire produire un végétal semblable à celui dont il tire son origine.

Une des principales conditions de la réussite des bouture est un sol assez riche, léger et constamment frais.

La *marcotte* consiste à faire pousser des racines à une branche qui reste attachée à son pied mère.

C'est dans ce but qu'aux premiers jours du printemps on couche en terre, à la profondeur de quinze à vingt centimètres, une branche que l'on fixe au moyen d'un crochet en bois. Cette branche doit être, autant que possible, recouverte de bonne terre végétale; il est utile alors de redresser avec soin l'extré-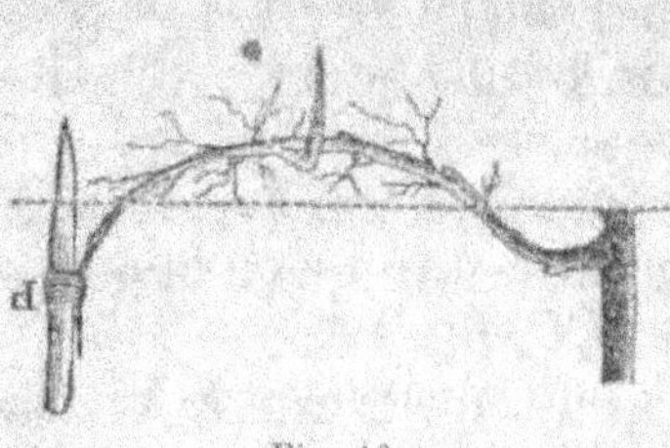mité qui sort de la terre et de la maintenir par un petit piquet, P, fig. 12.

Au printemps de l'année suivante, cette branche pourra, au besoin, être sevrée et transplantée ailleurs.

Fig. 12.

Outre les semis et les greffes, quels sont les deux autres moyens de la multiplication des arbres ? — Qu'est-ce qu'une bouture ? — Où réussissent les boutures ? — En quoi consiste la marcotte ? — Dites comment on obtient une marcotte ? — Quel est le but de la bouture et de la marcotte ?

DU SOL, DE L'EXPOSITION ET DES FORMES

QUI CONVIENNENT AUX ARBRES FRUITIERS.

Le Poirier.

La première condition pour avoir de bons et beaux fruits, est de planter l'arbre dans le terrain qui lui est propice, à l'exposition qui lui convient, et aussi de le diriger selon la forme que demande sa nature.

Parmi les arbres de nos jardins, le plus précieux, sans contredit, est le poirier indigène de l'Europe. Ses fruits, très-petits et très-âpres à l'état sauvage, ont été considérablement améliorés par la culture. On compte aujourd'hui près de six cents variétés de poires qui permettent d'en faire presque toute l'année l'ornement le plus agréable, pour ne pas dire le plus délicieux de la table. A ces divers titres, cet arbre mérite la première place dans le jardin fruitier.

Le poirier sur *cognassier* se plaît et prospère dans les terrains argileux et quelque peu frais ; il languit, au contraire, dans les terrains sablonneux ou calcaires. Le poirier sur *franc* aime une terre légère et un sous-sol riche et profond ; mais il souffre dans les terres argileuses, et périt bientôt même, si le sous-sol est humide.

Ces arbres se plaisent en général à toutes les expositions ; cependant quelques variétés, telles que le beurré d'Aremberg, la Crassanne, exigent une bonne exposition. D'autres au contraire, telles que la Duchesse d'Angoulême, l'Epargne, la Louise-Bonne, le beurré d'Amanlis et la William d'été, s'accommodent au besoin de l'exposition du nord.

Les espèces de poiriers qui demandent l'espalier, sont : le beurré d'Aremberg, la Crassanne, le Saint-Germain, le Doyenné d'hiver et le doyenné Saint-Michel ; les autres espèces peuvent être dirigées en contre-espaliers ou en pyramides, et toutes les espèces fertiles vont en obliques.

Les principales variétés de poires bonnes à manger successivement sont : 1. l'Epargne et le beurré Giffart, en juillet ; 2. le Doyenné d'été, en août ; 3. le beurré d'Amanlis et la Louise-Bonne, en septembre ; 4. la Duchesse-d'Angoulême, en octobre ; 5. le beurré Magnifique, en novembre ; 6. le Doyenné d'Alençon et le Passe-Colmar, en décembre ; 7. le Bon-Chrétien d'hiver, en espalier au midi ou à l'est, en janvier ; 8. la Joséphine de Malines et la Passe-Crassanne, en février ; 9. le Saint-Germain d'hiver, en mars ; 10. le Doyenné d'hiver et la Bergamotte-Espéren, de mai à juin.

Poires à cuire : la Catillac et la Belle-Angevine.

Quelle est la première condition pour avoir de bons et beaux fruits ? — Quelle est l'origine du poirier ? — Par quoi le poirier est-il l'arbre le plus précieux du jardin ? — Quel est le sol qui convient au poirier sur cognassier ? — Quel sol demande le poirier sur franc ? — A quelle exposition se plaisent les poiriers ? — Quelles sont les espèces de poiriers qui exigent le midi ? — Quels sont les poiriers qui demandent l'espalier ? — Dans quelles formes peut-on conduire les autres espèces ? — Nommez les variétés des poires bonnes à manger successivement.

Le Pommier.

Cet arbre, que l'on a toujours trouvé à l'état sauvage en Europe, est celui dont l'industrie a obtenu le plus grand nombre de variétés. Indépendamment de ses fruits, si utiles et toujours si précieux pour la table, le pommier donne encore d'autres fruits particulièrement aimés des provinces nord-ouest de la France, à cause de cette agréable boisson qu'ils procurent à ses habitants.

Le pommier exige en général une terre meuble, fumée et fraîche ; on le greffe sur franc, sur doucin ou sur paradis. Greffé sur *franc*, sujet obtenu des pepins, il convient pour les formes à haute tige ; il exige dans ce cas un sol profond à cause de ses racines pivotantes. Greffé sur *doucin*, sujet formé par les rejetons du pommier doucin, il produit de beaux arbres dans presque tous les sols ; c'est le pommier que l'on doit préférer pour les jardins fruitiers. Greffé sur *paradis*, sujet provenant des rejetons du pommier paradis, ses fruits sont gros, il est vrai, mais l'arbre reste toujours très-faible ; cette dernière espèce ne convient guère que pour la forme en cordons horizontaux.

Ces arbres sont peu difficiles pour le choix de l'exposition ; nous excepterons néanmoins les pommiers Canada et Calvil surtout qui ont besoin d'une exposition chaude.

Les différentes espèces qui demandent l'espalier sont principalement : le Canada, le Calvil d'hiver et la Rainette de Caux. Presque toutes les autres espèces peuvent être conduites en contre-espaliers, en obliques ou même en gobelets.

Les principales variétés de pommes bonnes à manger successivement sont : 1. le Calvil d'été, en août ; 2. la Rambourg d'été, en septembre ; 3. le Grand-Alexandre, en octobre ; 4. la Belle-Dubois, en novembre ; 5. la Belle-Joséphine, en décembre ; 6. le Calvil Saint-Sauveur, en janvier ; 7. les Rainettes Canada et de Caux, en février ; 8. la Rambourg d'hiver, en mars ; 9. la Rainette Thouin, en avril ; 10. la Rainette grise et l'Api rouge, rose ou noir, de mai à juin.

Où se trouve le pommier primitif? — Outre les pommes à manger quelles sont celles qu'il produit encore? — Quel sol exige le pommier? — Sur quels sujets se greffe le pommier? — Quelle exposition demande-t-il en général? — Quelles sont les trois espèces qui se conviennent en espalier? — Comment peut-on conduire les autres espèces? — Nommez les principales variétés de pommes bonnes à manger successivement.

Le Pêcher.

Par ses formes belles, gracieuses et grandioses auxquelles il se prête volontiers, le pêcher, que l'on croit originaire de la Perse, est l'arbre qui orne, qui embellit le mieux nos jardins. Ses fleurs, de la plus grande beauté, viennent pour ainsi dire les premières nous annoncer les beaux jours ; ses fruits sont agréables à la vue, au toucher, à l'odorat et au goût.

Le pêcher aime les sols légers, profonds et de bonne qualité ; les terrains compactes ou humides lui sont pernicieux. Cependant, greffé sur prunier, il prospère dans les sols où le pêcher sur amandier ne peut vivre.

Cet arbre donnera des fruits délicieux s'il est

exposé à l'est ou au sud-est ; l'exposition du nord lui est absolument interdite, celle du sud, souvent contraire.

Le pêcher, dans le nord de la France, ne peut guère être planté autrement qu'en espalier, où il prospère sous toutes les formes possibles. Dans toute autre condition, il végète et ne produit que de mauvais fruits.

Les trois principales variétés de pêches bonnes à manger successivement sont : 1. la Grosse-Mignonne hâtive, en août ; 2. la Belle de Vitry, en septembre ; 3. la Reine des Vergers, en octobre.

Quel est l'arbre fruitier qui orne le mieux nos jardins? — D'où vient le pêcher? — Quelles sont les qualités de ses fruits? — Quel est le sol qui convient au pêcher greffé sur amandier? — Au pêcher greffé sur prunier, quelle est l'exposition qu'il préfère? — Comment veut-il être planté? — Nommez les trois principales variétés de pêches bonnes à manger successivement.

L'Abricotier.

L'abricotier, venu de l'Arménie dans le courant du quinzième siècle, est plus précoce encore que le pêcher, mais plus souvent aussi victime des intempéries de nos printemps.

Cet arbre, à fruits d'une saveur très-agréable, veut une terre ni trop forte ni trop légère. Il vient en espalier et en plein vent ; le fruit de cette dernière forme est supérieur en parfum à celui de l'espalier.

Planté en plein vent, il est très-sensible au froid et demande, par conséquent, d'être abrité des vents du nord ; planté en espalier, il se plaît au sud-est et quelquefois au midi ; en contre-espalier, il reste presque toujours infertile.

Les trois principales variétés bonnes à manger successivement sont : 1. l'Abricot gros rouge pré-

coce, mi-juillet ; 2. le Royal, fin juillet ; 3. l'abricot-
pêche de Nancy, en août.

Du Cerisier.

Il n'est point d'arbre plus fertile au jardin que le
cerisier, dont les fruits, délicieux et rafraîchissants,
font un des plus beaux ornements de nos vergers et
de nos tables.

Cultivé d'abord en Asie, et ensuite chez les Ro-
mains où il était jadis l'arbre de prédilection, le
cerisier est devenu, pour ainsi dire, indigène en
France à cause des ressources que ses fruits améliorés offrent généreusement à l'alimentation, et
avec lesquels on prépare la liqueur bienfaisante du
pauvre comme aussi le sirop si précieux pour le ma-
lade.

Le cerisier exige la lumière et de l'air, mais il est
peu difficile sur le choix du terrain ; cependant un
sol calcaire lui est préférable. Cet arbre accepte
volontiers toutes les formes ordinaires, excepté toutefois les cordons horizontaux ; celles où il est le plus
productif sont le plein vent, la pyramide et les cordons verticaux appuyés contre les murs élevés.

Les trois principales variétés de cerises bonnes à
manger successivement sont : 1. l'Anglaise hâtive,
en juin ; 2. la Montmorency, en juillet ; 3. la Royale
tardive, fin juillet et en août.

— Quel est le sol qu'il préfère? — Quelles sont les formes où il est le plus productif? — Nommez les trois variétés de cerises bonnes à manger successivement.

Le Prunier.

Le prunier est venu de l'Orient pour être l'hôte inséparable des jardins du village où il offre à ses habitants une ressource précieuse par ses fruits rafraîchissants qu'il donne abondamment, et avec lesquels on prépare une compote ou confiture d'une grande utilité pour le ménage.

De même que le cerisier, cet arbre a besoin d'espace et de lumière ; il demande aussi un sol calcaire exempt d'humidité. Ses racines traçantes pénètrent peu en terre, et quel que soit le terrain où il existe, il ne parvient jamais à une grande hauteur.

La forme en plein vent est celle qu'il préfère; il vit moins longtemps dans toute autre direction, et ses fruits sont moins succulents. On avait longtemps douté que le prunier pût être dirigé en espalier ; mais la dernière exposition universelle nous a prouvé le contraire. Toutefois, nous devons dire qu'il n'y a que les prunes Mirabelle qui donnent beaucoup en espalier.

Les trois principales variétés bonnes à manger successivement sont : 1° la prune de Monsieur, fin juillet ; 2° la Mirabelle grosse, mi-août ; 3° la Reine-Claude de Bavay, en septembre.

D'où est venu le prunier? — Où se trouve-t-il aujourd'hui? — A quoi servent ses fruits? — Quels sont les besoins de cet arbre? — Quel sol demande-t-il? — Quelle est la forme qu'il préfère? — Nommez les trois principales espèces bonnes à manger successivement.

La Vigne.

Originaire des pays chauds, la vigne demande des terrains secs et sablonneux qui laissent pénétrer ses nombreuses racines; elle exige avant tout la plus belle exposition de nos jardins pour qu'elle nous donne avec abondance son fruit si salutaire pour la santé, et si précieux surtout par le jus qu'on en extrait.

La culture de la vigne, un des beaux fleurons de l'horticulture, a fait de grands progrès principalement depuis trente ans; les variétés de cet arbuste sont aujourd'hui innombrables. Mais ce n'est réellement qu'au midi de la France que l'on trouve la vigne vigoureuse et productive. Cependant certaines espèces rustiques, parmi lesquelles on remarque le Chasselas, sont cultivées en espalier dans nos régions du Nord, et produisent un raisin dont la qualité ne laisse rien à désirer.

La vigne est sujette à certains accidents qui réduisent ou détruisent même sa production pendant plusieurs années. Parmi ces accidents, le plus terrible est une moisissure, nommée oïdium, contre laquelle on emploie avec un succès complet la fleur de soufre dont on saupoudre plusieurs fois la vigne à partir du moment de la floraison.

On a généralement adopté au jardin l'espalier sous forme de cordons pour la direction de la vigne; c'est, du reste, le seul moyen d'obtenir le raisin beau et de bonne qualité.

Les trois principales espèces bonnes à manger successivement sont : 1° le Madeleine noir précoce, en juillet; 2° le Chasselas de Fontainebleau, fin août; 3° le Frontignan blanc, en septembre.

Quelle est l'origine de la vigne? — Quel terrain demande-t-elle? —

Le Groseillier.

Le groseillier, indigène de l'Europe, est peu difficile sur le choix du terrain, et il fructifie à toutes les expositions.

Cet arbrisseau est particulièrement aimé des enfants à cause sans doute de la belle nuance et de l'acidité de ses fruits qu'ils cueillent et mangent avec le même bonheur.

Lorsque la groseille est arrivée au degré de maturité convenable, on l'emploie à la préparation de la confiture si délicate et tant estimée, ou du sirop rafraîchissant que nous aimons tous.

On cultive le groseillier de plusieurs manières; mais les formes les plus productives sont les buissons ou les boules sur une seule tige.

Les principales espèces sont : 1° Le groseillier à fruits rouges, gros et ordinaires; 2° le groseillier à fruits blancs; le groseillier à fruits noirs que l'on appelle communément cassis, et dont les fruits aromatiques sont employés pour faire une liqueur tonique et excitante; 4° le groseillier à maquereau à fruits roses ou verts; ces derniers sont employés à la cuisine pour faire certains assaisonnements.

Le Framboisier.

Cet arbrisseau, à fruits d'un parfum délicat, est de la famille des ronces que nous voyons partout, mais que la culture dans nos jardins a notablement améliorées.

Le framboisier se contente des sols les plus ingrats, pourvu qu'ils soient un peu frais, comme aussi des expositions les moins avantageuses. Il fructifie sur les bourgeons de deux ans qui meurent après avoir produit; on coupe ces bourgeons au printemps suivant, et ceux qui les remplacent sont taillés alors au tiers de leur longueur.

La variété de framboisier la plus recommandable est celle des Quatre-Saisons, qui donne des fruits depuis le mois de juin jusqu'au commencement de l'hiver.

Quelle est l'origine du framboisier? — De quel sol et de quelle exposition se contente-t-il? — Sur quels bourgeons fructifie-t-il? — Que deviennent ces bourgeons après avoir produit? — Que fait-on au printemps suivant? — Quels sont les framboisiers que l'on doit cultiver de préférence?

Le Cognassier.

Il y a à peine cinquante ans que le cognassier, originaire de l'Asie mineure, est naturalisé en Europe et planté dans nos jardins. Sa fleur, d'un rose tendre, apparaît dans les premiers jours de mai; son fruit très-odorant, appelé coing, cotonneux, jaune, d'une saveur âpre, est mûr en octobre et ne peut servir qu'à faire des confitures reconnues excellentes, ou à la préparation d'un sirop bien précieux pour les personnes faibles ou maladives.

Le cognassier demande un sol léger et une belle

exposition; on le cultive généralement sous la forme haute tige; il n'accepte ni la taille ni la direction commune aux arbres fruitiers ordinaires.

Le Néflier.

Cet arbre qui croît naturellement dans les bois de l'Europe, se convient dans toute espèce de terrain et à toutes les expositions. Les fruits, connus sous le nom de nèfles, doivent être cueillis quelque temps avant leur maturité, et mis sur de la paille pour n'être mangés que lorsqu'ils sont blétis.

La végétation irrégulière du néflier ne permet guère de le tailler, si ce n'est pour le débarrasser du bois mort et former sa tige.

Le Figuier.

Trouvé à l'état sauvage dans les pays chauds, le figuier n'est pas difficile sur le choix du terrain; mais il demande une exposition chaude qu'il est facile de lui procurer en le plantant dans l'angle d'un mur exposé à la chaleur.

Ce n'est réellement qu'au midi de la France où l'on puisse compter sur une récolte abondante des fruits de cet arbrisseau. Les autres régions le cultivent, il est vrai, mais souvent sans succès. Du reste, les soins qu'il demande contre les injures de l'hiver dans les climats froids ou même tempérés, l'ont banni des jardins ordinaires où il était plus agréable qu'avantageux.

Où a-t-on trouvé le figuier? — Quel terrain et quelle exposition demande-t-il? — Où le cultive-t-on avec succès? — Pourquoi n'est-il pas cultivé dans les jardins ordinaires?

Le Noisetier.

Cet arbrisseau vient quand même dans tous les terrains et à toutes les expositions; pourvu qu'il soit aéré, il donne abondamment des fruits agréables pour toutes les époques de l'année.

Le noisetier ne se taille point, et ses buissons sont d'ordinaire abandonnés à la nature.

Disons néanmoins que, pour faire produire beaucoup le noisetier, il faut laisser peu de tiges à la souche, et supprimer avec soin les jeunes rejets qui absorbent une grande partie de la séve aux dépens de la fructification.

Où vient le noisetier? — Que demande-t-il pour donner beaucoup de fruits? — La taille du noisetier est-elle nécessaire?

DE LA

PLANTATION DES ARBRES FRUITIERS

La chose la plus importante, je dirai même la plus difficile au jardin, est assurément la plantation des arbres fruitiers; car de cette opération dépend le succès d'un jardin si elle est bien faite, ou elle occasionne une perte d'argent et de temps si elle a été mal exécutée. Les principes généraux que nous allons indiquer ici suffiront, je l'espère, pour assurer la réussite de ce travail.

Après avoir fait un examen attentif du sol et de l'exposition du jardin, on ne devra planter que les espèces d'arbres qui conviennent à la nature du terrain, ainsi que les variétés auxquelles on veut donner une forme ou une exposition toute particulière.

Ces dispositions prises, on fait un choix d'arbres que l'on transporte avec soin au jardin où ils seront mis en jauge et couverts jusqu'au moment de la plantation.

Mais avant de planter, il faut procéder à *l'habillage;* car un arbre ne se plante point tel qu'on l'expédie sortant de la pépinière. Souvent la bêche a mal coupé les racines, froissé ou cassé les radicelles qu'il faut réparer le mieux possible, en coupant avec une serpette bien tranchante toutes les mutilations faites au moment de l'arrachage. Il est important d'observer que les racines doivent être ménagées; mais s'il y a nécessité d'en retrancher une partie, on doit les couper en dessous et en biseau, de manière que, l'arbre dressé, les racines posent à plat sur la terre.

Pour la partie supérieure de l'arbre, on ne devra en retrancher que certaines branches qui pourraient nuire à l'ensemble de la tête si elle n'est pas encore formée. Pour tous les autres arbres formés, on se contentera de couper les parties des branches ou des rameaux rompus pendant le voyage ou par toute autre cause; plus loin nous indiquerons la marche à suivre au sujet des jeunes tiges destinées aux grandes formes.

La saison la plus favorable pour la plantation des arbres est depuis la Toussaint jusqu'à Noël, sauf pendant les fortes gelées; on peut planter encore jusqu'au milieu d'avril, mais la reprise est plus lente et moins assurée.

Quels que soient les arbres que l'on ait à planter, on doit toujours faire les trous à l'avance. Ces trous seront comblés quelque temps plus tard en y jetant de la bonne terre que l'on tasse modérément avec les pieds, jusqu'à la hauteur à laquelle les racines doivent être enterrées ; ensuite on procédera à la plantation.

Deux personnes sont nécessaires pour cette opération : l'une pose l'arbre sur le petit monticule élevé au milieu du trou, et étend les racines dans toutes les directions qu'elles commandent, tandis qu'une autre jette d'abord du terreau ou de la terre fine préparée avec des engrais, pour en couvrir complétement toutes les racines.

Après ce premier travail, la personne qui tient l'arbre le soulève et le secoue très-légèrement, de manière que la terre ne laisse aucune place vide entre les racines ; on achève ensuite la plantation avec de la terre meuble prise à la surface du sol, en évitant de fouler les racines de l'arbre avec les pieds.

Le collet de l'arbre devra se trouver, lors de la plantation, exhaussé du niveau du sol autant de fois d'un centimètre que le trou ou la tranchée contiendra de fois vingt centimètres de profondeur. Au bout de deux ans, le tassement de la terre étant achevé entièrement, l'arbre se trouvera alors planté et assis dans les conditions les plus avantageuses pour l'avenir.

Si la plantation a lieu au printemps, il est utile de chauler l'arbre aussitôt planté ; il est indispensable, en même temps, de l'arroser et de le pailler avec du fumier frais.

C'est ainsi qu'on devra procéder pour toutes les plantations d'arbres fruitiers. En suivant ces principes, nous pouvons affirmer que l'on assurera aux arbres une longue durée de bonne végétation.

Maintenant que nous avons dit tout ce qui est relatif au mode de plantation en général, nous allons indiquer le travail qu'il convient de faire, et aussi les règles qu'il est essentiel de suivre, tant pour les arbres de formes diverses que pour ceux d'espèces différentes.

1° Pour les poiriers ou les pommiers à haute tige ou de plein vent greffés sur franc, faire un trou de 1 mètre 50 cent. de profondeur sur autant de largeur; remplir ce trou de bonne terre végétale, mélangée de gazon si cela est possible, et planter ces arbres à la distance de 6 mètres au moins.

2° Pour les pyramides ou quenouilles, les espaliers et les contre-espaliers de poiriers également sur franc, faire un trou de 1 mètre 20 de profondeur sur 1 mètre 50 de largeur, et planter à la distance de 5 mètres.

On appelle pyramide un arbre dont les membres, depuis la base jusqu'au sommet, s'étendent librement. Un espalier est un arbre dont les membres sont étendus et attachés contre le mur; un contre-espalier est celui dont les membres sont étendus et attachés sur un treillage ou à des fils de fer à l'air libre.

3° Pour les pyramides, les espaliers et les contre-espaliers de poiriers greffés sur cognassier, faire un trou de 80 centimètres de profondeur sur 1 mètre 20 de largeur, remplir ce trou de bonne terre mélangée avec un quart de fond de fumier, et planter à la distance de 4 mètres.

4° Pour les abricotiers et les pruniers de plein vent ou en espaliers, faire un trou de 80 centimètres de profondeur sur 1 mètre de largeur, planter à 6 mètres de distance, excepté les pruniers en espaliers qui pourront être plantés à 4 mètres seulement.

5° Pour les espaliers ou les contre-espaliers de pommiers greffés sur doucin, faire un trou de 60 centimètres de profondeur sur 1 mètre de largeur, que l'on remplira de bonne terre mélangée avec un quart de fond de fumier, et planter à 5 mètres de distance.

6° Pour les gobelets ou vases de toutes espèces, faire un trou de 60 centimètres de profondeur et 80 centimètres de largeur, même mélange de terre que pour les précédents, et planter à 3 mètres de distance.

7° Pour les obliques, fuseaux ou cordons de poiriers ou de pommiers, faire une tranchée de 50 centimètres de profondeur sur 60 de largeur, et planter les obliques à 40 centimètres de distance, les fuseaux à 1 mètre et les cordons à 1 mètre 50 centimètres.

8° Pour les pêchers de grandes formes, faire une tranchée de 1 mètre 20 de profondeur sur 1 mètre 50 de largeur, remplir d'un mélange de terre franche, sablonneuse et calcaire, et planter à 6 mètres de distance.

9° Pour les pêchers demi-formes, faire une tranchée de 1 mètre en tous sens, même mélange de terre, et planter à 2 mètres.

10° Pour les obliques de pêchers, même travail et même mélange de terre, et planter à 50 centimètres.

De quoi dépend le succès d'une plantation ? — Quelles espèces d'arbres doit-on planter au jardin ? — En quoi consiste l'habillage d'un arbre ? — Quelle est la saison la plus favorable pour la plantation des arbres ? — Expliquez comment on plante un arbre ? — Comment doit se trouver le collet de l'arbre au moment de la plantation ? — Et deux ans après ? — Quelles précautions faut-il prendre si l'on plante au printemps ? — Quelles sont les règles essentielles à suivre ? — 1° Pour la plantation des poiriers ou des pommiers de plein vent ; — 2° Pour les pyramides, les espaliers et les contre-espaliers de poiriers sur franc ? — 3° Pour les pyramides, les espaliers et les contre-espaliers de poiriers sur cognassier ? — 4° Pour les abricotiers et les pruniers de plein vent ou en espaliers ? — 5° Pour les espaliers ou contre-espaliers de pommiers sur doucin ? — 6° Pour les gobelets ou vases de toutes espèces ? — 7° Pour les obliques, fuseaux ou cordons de poiriers ou de pommiers ? — 8° Pour les pêchers de grandes formes ? — 9° Pour les pêchers demi-formes ? — 10° Pour les obliques de pêchers ?

TAILLE ET MISE A FRUIT

Principes généraux.

La taille des arbres fruitiers a pour double objet de donner une bonne forme à ces arbres, et surtout de leur faire produire régulièrement une grande quantité d'excellents fruits. La forme est un moyen; le fruit, c'est le but.

La Forme. — La forme d'un arbre est bonne lorsqu'elle est tout à la fois en rapport avec l'emplacement donné, les lois générales de la végétation et les habitudes spéciales de cet arbre.

Les formes les plus naturelles et les plus simples sont toujours les meilleures. Les formes bizarres et capricieuses donnent en général plus d'embarras que de fruit.

Il y a, eu égard à l'étendue, trois sortes de formes : les petites, les moyennes et les grandes.

Les petites Formes. — Les petites formes sont :

Fig. 13. — Cordons verticaux.　　　Fig. 14. — Cordons obliques.

les cordons verticaux (fig. 13); les cordons obliques (fig. 14), et les cordons horizontaux (fig. 15).

Ces petites formes sont bonnes en sol ordinaire
avec des sujets peu vi-
goureux et très-fer-
tiles ; elles sont bonnes
encore en sol médio-
cre, mais avec des su-
jets assez vigoureux et fertiles.

Fig. 15. — Cordons horizontaux.

Les Formes moyennes. — Les formes moyennes
sont, en général, les meilleures.

Parmi ces formes, les plus employées
sont les cordons en U simples (fig. 16),
ou doubles (fig. 17), et les palmettes
Verrier (fig. 18), à cinq ou six bras au
plus. La forme en vase (fig. 19), à cinq
ou six branches, est une des meilleures à employer pour les arbres de
plein vent. La pyramide ordinaire
(fig. 20) est plus difficile à faire et
donne ordinairement peu de fruits.

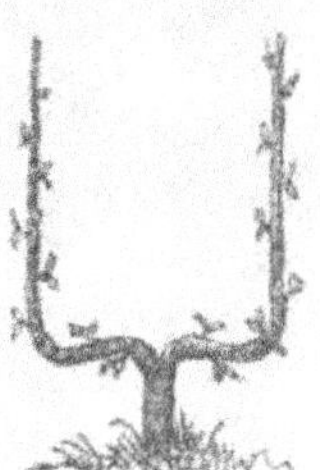

Fig. 16.
U simple.

Les pyramides en ailes à branches inférieures re-

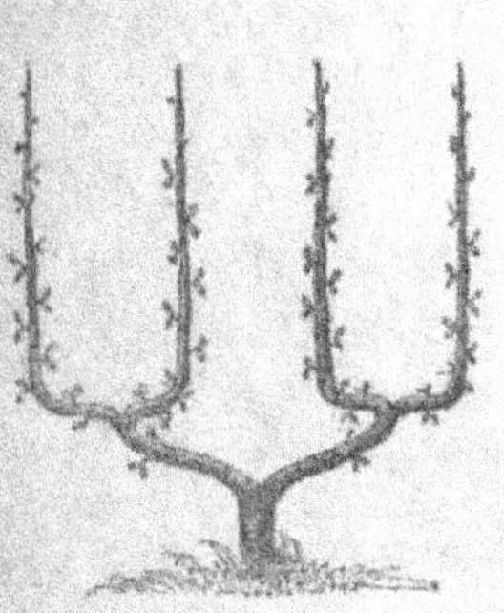

Fig. 17. — U double.

Fig. 18. — Palmettes Verrier.

montantes (fig. 21) sont des espèces de palmettes qui

l'emportent de beaucoup, pour le produit, sur les pyramides ordinaires.

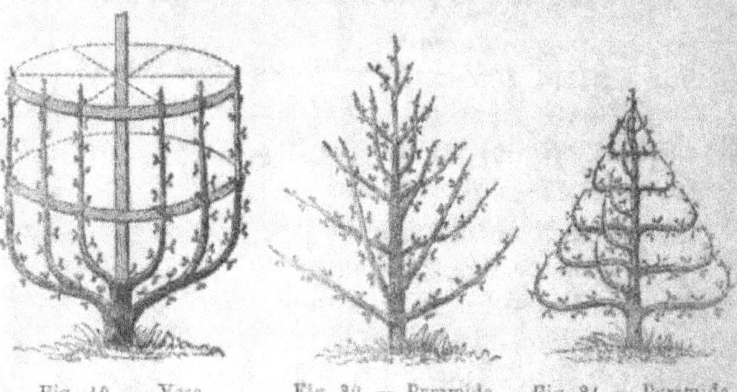

Fig. 19. — Vase.   Fig. 20. — Pyramide.   Fig. 21. — Pyramide en ailes.

LES GRANDES FORMES. — Ces formes (fig. 22, 23 et 24), assez bonnes dans les terrains riches, doivent être rejetées en sol de fertilité moyenne ou médiocre.

Fig. 22. — Carré de Montreuil.

Elles présentent, il est vrai, pour avantage de demander moins de sujets pour la plantation; mais elles ont le grave inconvénient de faire attendre dix à douze ans le maximum de produit, et pour autre inconvénient encore celui de laisser un vide considérable en cas de mortalité.

Pour réaliser les formes préalablement tracées sur le mur ou sur le papier, il faut :

1° Connaître les moyens employés pour faire naître les bras ou branches de charpente de la forme projetée;

2° Connaître les moyens de fortifier les bras faibles,
et les moyens d'affaiblir les bras forts.

Il n'y a pas de formes agréables sans un équilibre

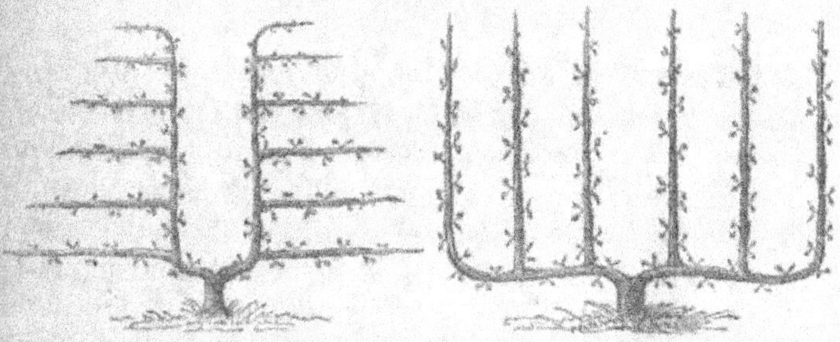

Fig. 23. — Palmette double.   Fig. 24. — Candélabre.

parfait dans toutes les parties qui les constituent.
Les moyens suivants vont nous apprendre comment
on provoque le développement d'une branche sur un
point donné, et comment les branches étant obte-
nues, on affaiblit les unes et on fortifie les autres.

I

A. DE LA NAISSANCE DES BRANCHES DE CHARPENTE.

Pour faire naître les branches où l'on veut, on
emploie différents procédés qu'il importe d'étudier
avec quelques détails.

Un jeune arbre étant planté, voyons ce qu'il faut
faire pour en obtenir un premier étage de deux bras
opposés, avec un troisième bourgeon pour la branche
de prolongement.

1° Méthode ordinaire ou par les yeux principaux.

On coupe suivant C C (fig. 25) au-dessus des yeux P, B, B. Les yeux B et B, placés à droite et à gauche du jeune arbre, donnent naissance au premier étage de la palmette. L'œil P forme le bourgeon de prolongement. Cette méthode est celle qui est généralement adoptée, et c'est en général la plus simple et la meilleure.

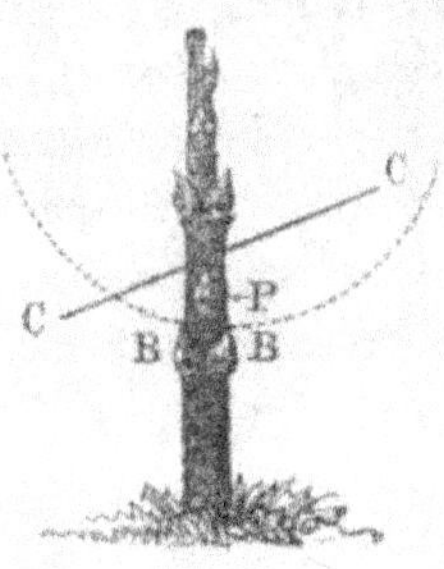

Fig. 25.

2° Par l'œil principal et les yeux stipulaires ou latéraux.

La taille du jeune arbre étant faite, comme dans le premier cas, provoque le développement de l'œil principal P. Lorsque le bourgeon issu de cet œil a une longueur de 3 à 5 centimètres, on en pince légèrement l'extrémité. Ce pincement a pour effet d'arrêter momentanément la végétation de ce bourgeon, et la séve refoulée se reporte dans les yeux stipulaires ou latéraux qu'elle développe.

Le succès de cette première taille n'est complet qu'autant que les yeux latéraux de P sont apparents lors de la taille, et que le pincement du bourgeon de prolongement est fait avec soin. Le pincement des deux feuilles supérieures par moitié suffit, le plus souvent, pour arrêter ce bourgeon et faire partir les deux yeux latéraux.

3ᵉ Méthode du double pincement,
ou de Rose Charmeux.

Cette méthode, beaucoup employée dans la formation du T de la vigne, ou dans les cordons de vigne à coursons (branches courtes) opposés, ne peut être employée pour l'obtention du premier étage de certains arbres fruitiers qu'après la deuxième année de plantation.

Voici en quoi consiste le procédé :

L'arbre étant taillé au-dessus d'un œil B (fig. 26) en avant, à 10 ou 12 centimètres du sol, cet œil se développe.

Lorsque le bourgeon qui en sort surmonte le point A, fixé pour le premier étage, d'une longueur de 15 à 20 centimètres, on pince le bourgeon à ce point sur un œil placé en avant. Cet œil se développe alors en bourgeon anticipé que

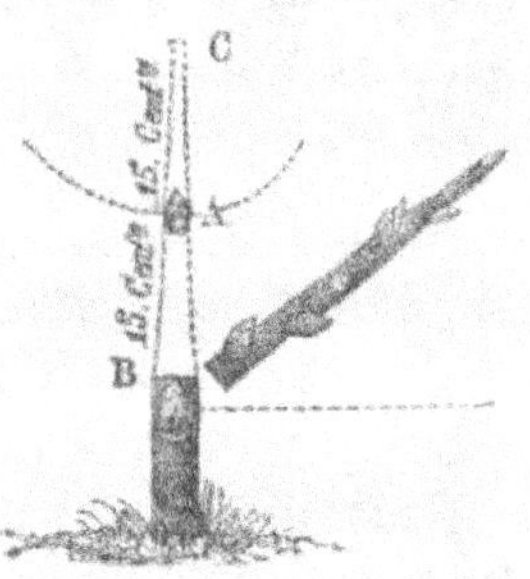

Fig. 26.

l'on pincera également en C, à 15 ou 20 centimètres au-dessus du point A pour refouler la séve dans le talon de ce bourgeon, afin de mieux en nourrir et former les yeux. En hiver, on taille à 1 ou 2 centimètres de la base A de ce bourgeon anticipé; plusieurs bourgeons se développent ensuite en A ; on choisit les mieux placés et l'on sacrifie les autres.

4° Par la Greffe en écusson, en pointes et autres.

Un jeune poirier sauvageon, fort d'un ou de deux ans, étant planté contre un mur pour une palmette Verrier, par exemple, on pose deux écussons en face l'un de l'autre à la fin de juillet ou au commencement du mois d'août. Ces écussons se soudent au sujet et donnent au mois de mars les deux bras du premier étage. Au mois de juillet suivant, une nouvelle paire d'écussons est posée sur la même tige à 25 ou 30 centimètres au-dessus des deux premiers écussons ; voilà pour le second étage. On peut encore, à la même époque, poser un écusson en avant du sauvageon, pour former par la suite les étages supérieurs.

5° Par le Cran.

Fig. 27. — Cran au-dessus d'un œil.

Souvent un ou deux des yeux se développent alors que le troisième reste engourdi. Le cran simple ou en forme de fer à cheval fait *au-dessus* de l'œil (fig. 27) en provoque le développement. Ce cran doit être assez profond pour pénétrer de deux ou trois millimètres au moins dans l'aubier. Ce moyen ne doit pas être employé pour les arbres à noyau auxquels les plaies donnent la gomme.

II

B. Moyens a employer pour affaiblir ou fortifier les différentes branches d'une forme
quelconque.

Pour *affaiblir* une branche trop vigoureuse, il faut
employer :

1° *Le cran.* — Le cran se fait *au-dessous* du point
de naissance de la branche à affaiblir; il doit être
assez profond pour pénétrer dans l'aubier et arrêter
ainsi la séve ascendante.

2° *Le pincement.* — Pincer sévèrement le bourgeon fort.

3° *Le palissage.* — Palisser de bonne heure la branche forte en l'abaissant pour contrarier la séve.

4° *Les fruits.* — Laisser du fruit sur les branches
fortes, et, au besoin, poser des boutons à fruit sur
les arbres à pepins; le fruit fatigue la branche et
l'affaiblit.

Pour *fortifier* une branche faible, il faut employer
des moyens contraires.

1° *Le cran.* — Le cran se fait *au-dessus*, comme
pour faire naître la branche.

2° *Le pincement.* — Le pincement est fait tardivement; la taille en hiver se fait longue. Plus on
laisse de bourgeons et de feuilles, plus la branche
poussera vigoureusement.

3° *Le non-palissage.* — Ne pas palisser la branche
faible, ou, dans tous les cas, la palisser en laissant
un peu de jeu pour la libre circulation de l'air et de
la lumière, les agents par excellence de la végétation.

4° *L'enlèvement des fruits.* — Laisser peu de fruits qui sont une cause d'affaiblissement.

5° *Les inclinaisons.* — On abaisse les branches fortes et on relève les branches faibles.

6° *La greffe en écusson.* — Poser un écusson à l'extrémité ou sur le corps endurci de la branche. Ces branches faibles, à végétation lente, ne donnent naissance qu'à des yeux faibles d'une évolution lente et difficile. Un œil vigoureux posé par écusson, donne naissance à un bourgeon qui se développe avec force. Ce moyen n'est pas assez employé, quoiqu'il réussisse parfaitement.

Naissance et entretien de la branche à fruit.

A. Pour faire *naître* les branches à fruit, on emploie tous les moyens décrits pour obtenir les branches de charpente.

Toutefois, pour obtenir une coursonne d'arbres à pepins, on peut, dans la greffe en écusson, remplacer avantageusement un œil à bois par un œil à fruit. Ces écussons à fruit, posés du 10 août au 20 septembre, donnent des fleurs en avril et des fruits à l'automne.

B. Pour *affaiblir* ou *fortifier* une branche à fruit, on emploie les mêmes moyens que pour gouverner les branches de charpente.

Les principes, de même que les procédés que nous venons d'indiquer, sont généraux ou communs à tous les arbres fruitiers; il nous reste maintenant à les appliquer, en les précisant, aux trois principales espèces fruitières : 1° aux arbres à pepins, le poirier et le pommier; 2° aux arbres à noyau, le pêcher, l'abricotier, le cerisier, le prunier, etc., et 3° à la vigne.

LES ARBRES A PEPINS

Le Poirier.

Le poirier, nous le savons, est le plus important de nos arbres fruitiers. Pour en bien faire connaître la culture aussi simple qu'intéressante, nous allons planter un jeune poirier sortant de la pépinière et ayant une greffe d'un an. Nous le suivrons d'année en année, en indiquant les soins qu'il réclame pour en faire un arbre non moins productif que régulier.

PREMIÈRE ANNÉE.

Lors de la plantation, une question se présente : Doit-on tailler définitivement le poirier en le plantant ? ouí ou non, suivant les circonstances. Disons de suite pourtant, *qu'en général* il y a de grands avantages à ne pas former le premier étage de branches l'année même de la plantation.

Toutefois, quelle que soit la méthode que l'on adopte, il est certain que le poirier doit subir une sorte de toilette ou de taille provisoire. Cette taille consiste à retrancher le tiers ou le quart de la longueur du jeune arbre dans le but de mettre en équilibre les racines avec la tige. Si les racines sont nombreuses et bien conservées, on retranchera peu de la tige. La taille se fera plus sévèrement si les racines sont pivotantes, ou si elles ont été plus ou moins blessées lors de l'arrachage.

Si le poirier a été taillé provisoirement, on revient l'année suivante sur la partie conservée en coupant de nouveau le jeune arbre à 15 ou 30 centimètres du sol.

Mais cette taille définitive à 15 ou 30 centimètres, faite lors de la plantation, ne donne le plus souvent que des rameaux chétifs et ridés aux yeux nombreux, mais très-faibles. Ces yeux faibles donnent naissance à des bourgeons faibles aussi et sans avenir.

La taille définitive ne peut guère être appliquée, lors de la plantation, que sur des sujets arrachés avec soin et plantés dans de bonnes conditions.

La taille provisoire suivant A B (fig. 28) fait développer au printemps, peu de temps après la plantation, presque tous les yeux inférieurs en bourgeons. Pendant l'été, on laisse pousser librement ces bourgeons sans leur appliquer ni taille ni pincement. Plus les jeunes bourgeons seront forts et nombreux, plus les racines seront vigoureuses et abondantes; si le sol est léger, on l'arrosera et on le paillera. Tels sont les soins à donner pendant la première année.

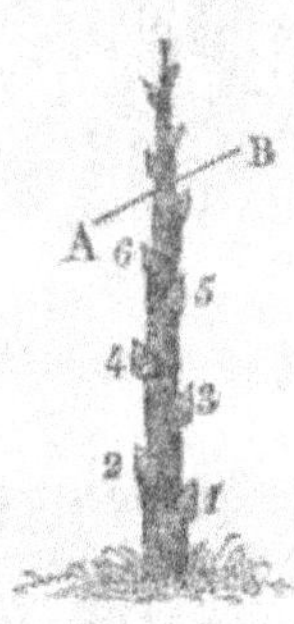

Fig. 28.

Résumé des soins à donner au jeune arbre pendant la première année.

1° Veiller à sa reprise et la favoriser au besoin par deux ou trois arrosages et un bon paillis;

2° Laisser pousser librement les bourgeons sans les soumettre ni à la taille ni au pincement.

DEUXIÈME ANNÉE.

Après une taille provisoire et une première année de plantation, l'arbre aura l'aspect et la forme de la figure 29. Les yeux 1, 2, 3, 4, 5, 6 (fig. 28) se sont développés en bourgeons ou en dards plus ou moins vigoureux, 1, 2, 3, 4, 5, 6 (fig. 29).

Ces bourgeons, nous les coupons en hiver près

de leur base, quels qu'en soient la force et le nombre; puis nous rabattons le sujet à 15 ou 30 centimètres du sol, suivant CD ou PR.

On taille à 25 ou 30 centimètres du sol lorsque la vigueur de l'arbre et les yeux principaux non développés, ou leurs yeux stipulaires permettent par leur position et leur vigueur d'établir le premier étage sur le vieux bois. Si le contraire avait lieu, c'est-à-dire si les yeux stipulaires et surtout la vigueur faisaient défaut, on rabattrait à 12 ou 15 centimètres du sol et, autant que possible, sur un œil placé en avant.

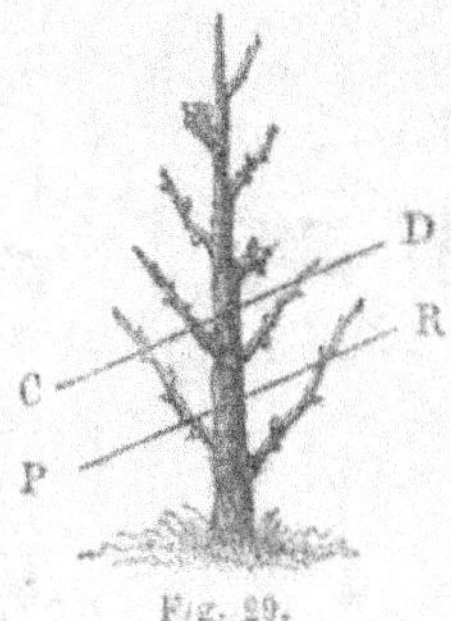

Fig. 29.

Le bourgeon auquel cet œil donnera naissance sera palissé verticalement. Les autres bourgeons, s'il y a lieu, seront retranchés au mois de mai ou juin, afin de concentrer la séve sur le bourgeon conservé.

Si ce bourgeon devient vigoureux, ce qu'on reconnaît à la rapidité de son développement et à la largeur de son empâtement (la base élargie), on formera le premier étage par le pincement du bourgeon à 30 centimètres du sol lorsqu'il en a 40; c'est-à-dire qu'il faut attendre pour le pincement que les trois yeux, qui doivent donner immédiatement le premier étage et la branche de prolongement, soient bien apparents et complétement organisés.

Mais si ce bourgeon est peu vigoureux, on ajourne la formation du premier étage à l'année suivante.

Sans doute, le plus ordinairement, on peut établir le premier étage de branches à la deuxième année de plantation; car l'arbre possède alors de nombreuses racines, et la séve afflue avec force pour faire développer en bourgeons vigoureux les yeux nombreux apparents ou cachés qu'ont tous les poiriers. Si toutefois il arrive que deux bourgeons seulement se développent avec force, on incline et on palisse ces bourgeons pour les contenir, et on a recours au cran pour provoquer l'évolution d'un troisième œil resté jusque-là engourdi.

Voilà pour la naissance des branches, et voici pour leur équilibre.

Les inclinaisons et le palissage ou le non-palissage sont les moyens qui réussissent le mieux pour fortifier ou affaiblir un jeune rameau. Le cran et le pincement que nous avons décrits dans les notions générales de taille, assurent au besoin le succès complet de l'opération.

Résumé des soins les plus ordinaires à donner pendant la deuxième année :

1° Rabattre en février ou en mars, au plus tard, le sujet à 25 ou 30 centimètres du sol, et couper près de leur base tous les rameaux de la partie conservée ;

2° Veiller au développement des trois bourgeons, dont deux latéraux et un troisième antérieur dit de prolongement ;

3° Veiller à maintenir l'équilibre entre les trois bourgeons, en ayant recours surtout aux inclinaisons et au palissage ou au non-palissage.

On palisse sévèrement contre le mur un bourgeon vigoureux ou gourmand, alors qu'on laisse en toute liberté un bourgeon plus faible (fig. 30).

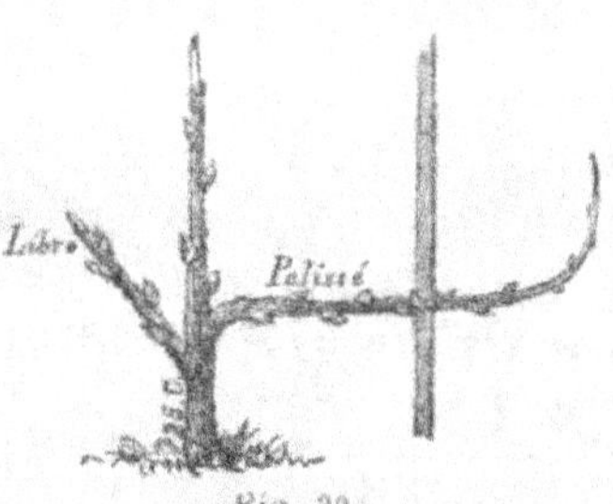

Fig. 30.

TROISIÈME ANNÉE DE PLANTATION,

*Ou deuxième année des branches de charpente,
et première année des rameaux à fruits.*

A la fin de l'année et en hiver, notre jeune poirier, après deux années de plantation, a l'aspect et
la forme de la figure 31. Les trois branches ont de
70 centimètres à 1 mètre 20 au plus, suivant la vigueur des espèces et la fertilité du sol. Arrivé à la
troisième année de plantation, nos préoccupations
doivent être plus vives et nos soins plus multipliés.
Nous devons alors, en effet, veiller à la fois à la
naissance d'un deuxième étage si la vigueur du sujet
le permet, et aussi à l'entretien du premier étage
obtenu, et surtout surveiller avec soin le premier
étage pour en obtenir de jeunes bourgeons d'une
vigueur moyenne, qu'il faudra transformer en rameaux fruitiers.

1° Les branches de charpente; naissance et entretien.

1° NAISSANCE. — Si les deux branches du premier
étage sont vigoureuses, on
pourra tailler l'arbre suivant T R (fig. 31), afin
d'obtenir un deuxième étage à 25 ou 30 centimètres
du premier, sur trois yeux,
dont l'un en avant et les
deux autres de côté et au-
dessous. Cette taille provoquera le développement

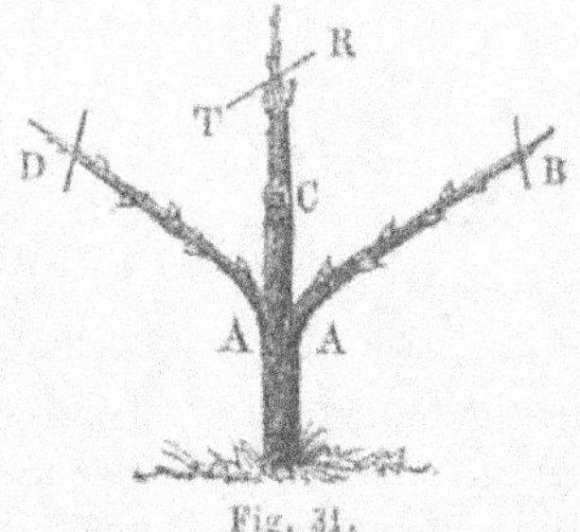

Fig. 31.

des trois yeux indiqués en bourgeons qu'il faudra

gouverner par les moyens connus pour qu'ils conservent la même vigueur; c'est ainsi que l'on commencera l'établissement du deuxième étage.

Mais, en général, il y a de grands avantages à ajourner la formation du deuxième étage à la quatrième année; c'est qu'en effet la séve tend toujours à se porter dans les étages supérieurs au détriment des branches inférieures. Les branches supérieures donnent peu de fruits à cause de leur vigueur excessive, et les branches inférieures déjà faibles, s'affaiblissent encore de plus en plus par une production prématurée. S'il devait en être ainsi, faute de vigueur, nous conseillerons, au lieu de tailler suivant T R, à 25 ou 30 centimètres, de tailler à 10 ou 12 centimètres de ce premier étage; mais sur un œil C placé en avant.

Le bourgeon de cet œil sera seul conservé; les autres seront ébourgeonnés ou pincés, et l'on remettra, ce qui est en général bien préférable, à la quatrième année l'établissement du deuxième étage.

Mais quelle que soit la méthode que l'on suive, c'est-à-dire que l'on forme ou que l'on ne forme pas le deuxième étage à la troisième année, les soins que réclame le premier étage sont les mêmes. Notre attention doit se porter alors sur trois points : 1° l'équilibre à maintenir entre les branches de charpente d'un même étage; 2° sur le prolongement régulier de ces mêmes branches; et 3° sur la naissance des rameaux à fruits et leur équilibre.

Les moyens principaux à employer pour obtenir ce résultat sont la taille d'hiver et le pincement. Voyons d'abord la taille d'hiver.

La taille d'hiver consiste à retrancher le tiers ou le quart des branches A B et A D (fig. 31). La taille doit se faire sur un œil placé au-dessous ou en avant, pour obtenir un prolongement régulier.

Si les deux branches A B et A D sont de même force, on les taillera à la même longueur; mais si l'une l'emportait sur l'autre, il faudrait tailler *plus long* la plus faible, et tailler *plus court* la plus forte.

En effet, les feuilles nourrissent la branche; en lui laissant peu de longueur et en la dépouillant ainsi de ses organes de nutrition, cette branche prendra moins de force.

Disons de suite que cette taille à laquelle nous soumettons les branches de notre premier étage, a pour but de provoquer le développement de tous les yeux de la partie conservée en bourgeons, que le temps et le pincement surtout doivent transformer en rameaux à fruit.

2° ÉQUILIBRE. — Il faut, pour assurer la même vigueur aux deux branches latérales du premier étage, employer les moyens que nous connaissons : *relever* la plus faible, *abaisser* la plus forte (fig. 30).

2° Traitement des rameaux à fruit; naissance et entretien. Première année.

NAISSANCE. — La taille que nous venons d'indiquer détermine assez facilement l'évolution de tous les yeux conservés en bourgeons ou dards. Parfois il arrive pourtant que les yeux inférieurs restent engourdis et qu'il faut avoir recours aux crans que l'on doit faire au-dessus des yeux faibles ou peu apparents. La pose d'écussons ordinaires ou de boutons à fruit est un moyen que l'on emploie peu sur des arbres naturellement fertiles, parce que les branches à fruit y naissent toujours en nombre assez considérable.

Mais si la naissance des rameaux à fruit du poirier

est un point de la taille qui présente peu de difficultés, il est certain, au contraire, que l'entretien
et l'éducation de ces rameaux fruitiers exigent des
soins assez sérieux que nous allons étudier.

<h2 style="text-align:center">Éducation des rameaux à fruit ;
première année.</h2>

Rappelons-nous que la séve tend toujours à se
porter à la partie supérieure, et que les bourgeons
qui avoisinent ordinairement le bourgeon terminal
prendront souvent un excès de vigueur peu compa-
tible avec la fructification. Le pincement en été
et la taille d'hiver surtout devront les mettre à fruit.

PINCEMENT. — Le pincement consiste à retrancher
avec les doigts l'extrémité encore herbacée d'un
jeune bourgeon (fig. 32).

Mais, 1°, à quelle lon-
gueur faut-il pincer le
jeune bourgeon, et 2° combien faut-il retrancher du
bourgeon pincé ? Deux
points importants du pin-
cement qu'il faut fixer dès
maintenant, parce que
c'est là que sont les résul-

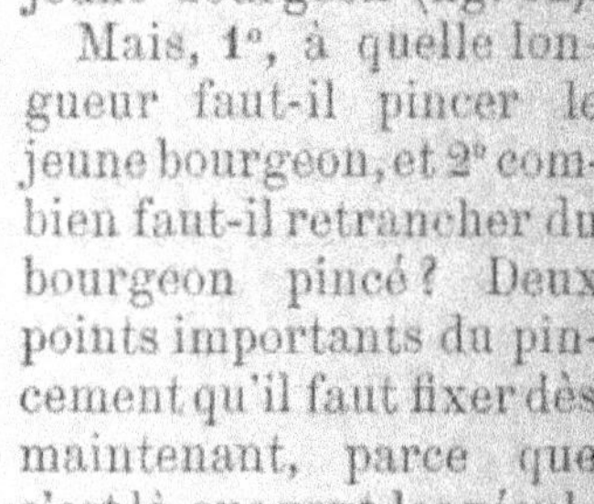

Fig. 32.

tats les plus sérieux obtenus dans ces derniers temps
par des arboriculteurs qui ont marché avec intelligence dans la voie large du progrès.

1° *A quelle longueur faut-il pincer le jeune bourgeon;*
c'est-à-dire faut-il conserver de ce jeune bourgeon
pincé 10 centimètres, ou plus ou moins?

Une longueur moyenne de 10 à 12 centimètres
est une longueur convenable. Toutefois il faut sa-

voir que cette longueur varie un peu : 1° avec la position du bourgeon, et 2° avec le mode de fructification de l'espèce.

1° Avec la position du bourgeon. Si le bourgeon avoisine le terminal, c'est-à-dire le sommet de la branche, il sera pincé plus tôt et plus court. Le pincement affaiblit, et il est évident que l'effet débilitant de ce pincement sera d'autant plus marqué qu'il sera fait plus tôt et plus court.

Aussi conseillons-nous de pincer les bourgeons appelés par leur position à devenir vigoureux, à une longueur seulement de 5 à 7 centimètres; pincés ainsi courts et de bonne heure, ces bourgeons seront arrêtés dans leur développement, et la séve refoulée se portera dans le bourgeon de prolongement qu'il faut favoriser, et aussi dans les yeux inférieurs de la branche de charpente qui restent le plus souvent engourdis pour peu qu'on allonge la taille, ou ne se développent qu'en dards très-faibles et peu ou point productifs.

Qu'on observe bien les effets d'un pincement trop long pratiqué sur les bourgeons forts, voisins du bourgeon terminal, on verra que nos observations ont été faites avec soin, que les inconvénients que nous signalons sont réels, et que les moyens que nous proposons pour y remédier sont pratiques et logiques.

2° La longueur à conserver au bourgeon pincé varie avec les espèces.

En effet, il est de certaines espèces vigoureuses qui ne fructifient bien que par un pincement plus long; telles sont les espèces suivantes: le bon Chrétien d'hiver, la Crassanne, le Beurré magnifique et la Bergamotte-Espéren.

Nous opérons à la même longueur les deux premières espèces, à cause de l'espace considérable qui sépare les différents yeux ; si, en général, nous avons conseillé le pincement moyen de 10 à 12 centimètres, c'est que nous voulons conserver par ce pincement trois bons yeux, des yeux saillants et bien développés. Qu'on examine un jeune rameau, et l'on verra que les yeux de la base ne sont pas visibles. Un pincement établi sur de pareils yeux échouerait complétement ; le bourgeon se dessécherait. Aussi, dans le but de faire le pincement avec succès sur deux ou trois bons yeux, conseille-t-on, avec raison, de pratiquer le pincement plus long sur les espèces dont les feuilles sont à une plus grande distance les unes des autres.

Si nous conseillons de pincer assez long le Beurré magnifique et la Bergamotte-Espéren, deux de nos meilleures espèces, c'est que les brindilles longues de 12 à 15 centimètres sont très-productives, et qu'ainsi on diminuerait la récolte par un pincement trop sévère.

Sans doute les observations qui précèdent sont d'une assez grande importance ; mais celles que nous allons faire les priment de beaucoup, parce que, mises en pratique, elles permettront de mettre à fruit, pour ainsi dire à volonté, les espèces mêmes assez peu fertiles.

2° Combien faut-il retrancher du bourgeon pincé ?

Il ne faut autant que possible retrancher du bourgeon pincé qu'une longueur de 1 ou 2 centimètres ; c'est-à-dire, que le bourgeon doit être pincé de nouveau à 10 centimètres lorsqu'il en a 11 ou 12, et à 8 lorsqu'il en a 9 ou 10.

Un pincement fait autrement ne réussit que rarement, et la raison en est simple.

Nous avons dit plus haut que les yeux de la base des bourgeons sont faibles ; nous ajoutons que les yeux supérieurs d'un jeune bourgeon encore herbacé sont aussi très-faibles, parce qu'ils ne sont pas encore formés ; or, il est évident que des yeux faibles donneront naissance à des pousses faibles ou de vigueur moyenne, les seules qui donnent le fruit.

Qu'on fasse le pincement plus tardivement en retranchant 7 à 10 centimètres du bourgeon pincé, et l'on sera condamné à asseoir son pincement sur des yeux forts qui donneront du bois et pas de fruits. Ces yeux mêmes, sans être encore complétement organisés, se développeront avec vigueur, parce qu'ils sont à la partie supérieure.

C'est donc le pincement précoce qui paraît être le meilleur au point de vue de la fructification ; mais souvent il dépasse le but, il affaiblit beaucoup trop les arbres. Nous donnons aujourd'hui la préférence au cassement en vert qui assure aux arbres une plus grande vigueur, et, par conséquent, une plus longue durée. Cependant si le sujet est fort, il convient de faire ce pincement précoce à différentes époques, puisque, assez souvent, les bourgeons se développent successivement ; ce travail payera largement le temps qu'on y passera. Toutefois, si l'oubli ou le manque de temps vous condamnait à ne pas pincer du tout ou à pincer trop tard, le mal ne serait pas sans remède.

1er cas. — Le pincement a été fait tardivement sur un œil fort.

Ainsi fait, le pincement aura provoqué, en bourgeon à bois, le développement de l'œil O supérieur (fig. 33), et demandons-nous quel est le mode de pincement auquel il faut soumettre le nouveau bourgeon O T ?

Fig. 33.

Il faudra pincer ce bourgeon anticipé à 2 ou 3 centimètres de sa base.

En opérant ainsi, on établit le pincement sur les yeux faibles de la base et on obtient du fruit, soit que l'on coupe ou que l'on casse suivant A B, même figure.

2° cas. — Le bourgeon oublié n'a pas été pincé au printemps.

Si le bourgeon n'a pas été pincé, il pourra avoir, en juin, juillet, une longueur de 20 à 30 centimètres (fig. 34); on le soumettra alors au cassement total en C et au cassement partiel en D.

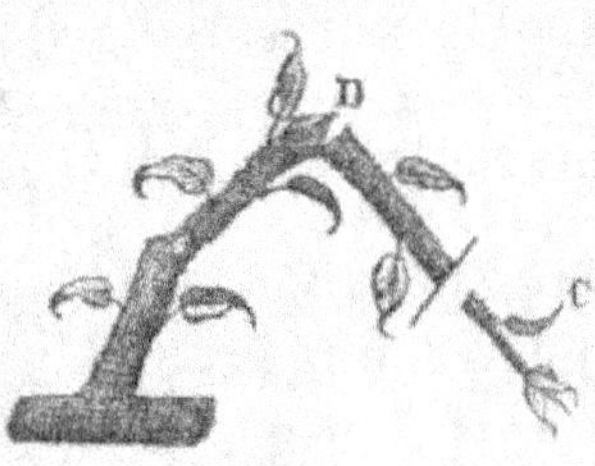

Fig. 34.

Ce traitement est rationnel; le pincement ne pouvant plus s'établir sur des yeux faibles à cause de la longueur du bourgeon, on a recours au cassement partiel en D au-dessus de l'œil fort qu'on veut mettre à fruit.

La séve se perdant un peu dans la partie supérieure, développera avec moins de force l'œil D, et cet œil se mettra à fruit.

Disons de suite que dans les arbres déjà formés, de sept à douze ans au plus, le dernier procédé que nous venons d'indiquer remplacera avec avantage, en juillet et en août, le procédé du pincement dans le talon.

Ce pincement sévère dans le talon ferait débourrer les boutons à fruits déjà formés, alors que le cassement partiel les conserverait certainement; mais cet inconvénient n'est pas à redouter sur les jeunes arbres non pourvus de boutons à fruit.

Résumé des soins les plus importants à donner pendant la troisième année :

1° Examiner s'il y a lieu d'établir un deuxième étage.

Si l'on établit un deuxième étage à 25 ou 30 centimètres du premier, couper autant que possible sur un œil placé en avant et sur deux yeux placés de côté et peu éloignés du premier.

Si l'établissement du deuxième étage est ajourné à la quatrième année, couper sur un œil placé en avant à 12 centimètres au moins du premier étage

2° Veiller à maintenir l'équilibre entre les branches d'un même étage, et, s'il y a lieu, maintenir aussi la supériorité en force et en longueur du premier étage sur le deuxième.

3° Tailler les branches du premier étage pour provoquer le développement des yeux en dards ou en bourgeons; employer le cran au-dessus des yeux faibles, et surtout le pincement précoce sur les bourgeons vigoureux pour assurer l'évolution de tous les yeux en dards ou en bourgeons.

4° Appliquer le pincement précoce ou mieux le cassement ou pincement tardif sur tous les bourgeons vigoureux, et en varier un peu la longueur suivant les espèces et selon la position des bourgeons.

5° Employer le double cassement, total et partiel, sur les bourgeons oubliés ; pratiquer sur les bourgeons anticipés pincés trop tard le pincement dans le talon sans toucher au bourgeon principal.

QUATRIÈME ANNÉE DE PLANTATION

Ou troisième année des branches de charpente, et deuxième année des branches à fruit.

I. — BRANCHES DE CHARPENTE. — Si le deuxième étage des branches de charpente n'a pas été établi pendant la troisième année, on en commencera l'établissement à la taille d'hiver de la quatrième année par les moyens décrits plus haut ; on s'efforcera, en outre, de maintenir avec soin l'équilibre entre les branches de charpente du premier étage qu'on amène progressivement, de la position oblique, à la position horizontale.

A cet effet, on a dû établir ou l'on établira des baguettes ceintrées sur lesquelles on rattachera les branches de charpente dans la position déterminée ; l'extrémité de ces branches devra être constamment relevée pour activer la circulation de la sève.

II. — RAMEAUX A FRUIT. PREMIÈRE TAILLE D'HIVER. — Si l'on a bien suivi les opérations indiquées plus haut pendant la taille d'été de la troisième année, il restera peu à faire en hiver sur les rameaux à fruit. Mais le deuxième pincement a pu n'être pas fait, soit par oubli ou par négligence, ou encore pour prévenir la transformation des yeux à fruit déjà faits ou en voie de se faire en bourgeons à bois; quelques bourgeons aussi, malgré les pincements réitérés, ont pu prendre un empâtement considérable et devenir ainsi plus aptes à donner du bois que du fruit. Voyons ce qu'il y aurait à faire lors de la taille d'hiver de ces deux principales sortes de bourgeons.

Première espèce. — Bourgeons oubliés lors du premier pincement, et bourgeons non soumis au deuxième pincement :

Si les bourgeons n'ont reçu aucun pincement, on emploiera le double cassement total et partiel déjà indiqué en été.

Si les bourgeons ont subi un premier pincement qui a déterminé le développement de l'œil supérieur en bourgeon anticipé plus ou moins vigoureux, on taillera en hiver ce bourgeon à 2 ou 3 centimètres de la base. Le cassement partiel dans le talon, surmonté d'un cassement total à 5 ou 6 centimètres audessus, réussira sur des rameaux plus vigoureux.

Deuxième espèce. — Bourgeons gourmands :

Si les bourgeons, malgré les soins donnés, et à cause de la grande vigueur du sujet, ont pris un large empâtement, il faudra donner un coup de serpette dans le talon du bourgeon principal pour favoriser un cassement partiel qu'on achève avec la main (fig. 35). En opérant ainsi, on détruit une partie des vaisseaux séveux des bourgeons et on les affaiblit. La partie supérieure de ces bourgeons est d'ailleurs traitée comme nous l'avons indiqué plus haut. Cette opération a

Fig. 35. — Bourgeon opéré et entaillé.

tous les avantages de la taille en couronne, sans en avoir les inconvénients.

La taille en couronne consiste à couper à sa base le bourgeon principal pour en faire développer les yeux stipulaires.

Mais, parfois, ces yeux restent engourdis dans de certaines espèces, alors que dans d'autres vigoureuses la taille en couronne amène un grand nombre de bourgeons peu disposés à se mettre à fruit.

Le cassement partiel dans le talon ne présente aucun de ces graves inconvénients. Si les yeux stipulaires font défaut ou sont peu disposés à se développer, le fruit se fait sur le corps de la jeune coursonne cassée partiellement à sa base; s'il y a excès de vigueur, ou que l'opération soit faite sur un bourgeon qui avoisine le terminal ou de prolongement, un ou deux des yeux stipulaires se développent avec une vigueur moyenne, une partie de la séve se perdant dans le bourgeon principal ; c'est ainsi qu'on obtient le fruit sur ce bourgeon ou sur les bourgeons issus des yeux stipulaires, et assez souvent sur les deux à la fois.

A la taille, on conserve un ou deux des boutons à fruit, et on retranche les autres, en coupant les coursonnes immédiatement au-dessus des boutons à fruit conservés.

Résumé des travaux de la quatrième année :

1° Etablir, s'il y a lieu, le deuxième ou le troisième étage, et en maintenir l'équilibre et la prépondérance relative par les moyens indiqués ; c'est-à-dire que si les membres inférieurs ou du premier étage ont 2 mètres de longueur, par exemple, les membres du deuxième étage ne devront avoir qu'un mètre ; ceux du troisième, 50 centimètres, et ceux du quatrième, 25 centimètres.

2° Appliquer aux rameaux à fruit une taille qui soit en rapport avec leur vigueur ; c'est-à-dire tailler dans le talon du bourgeon anticipé les bourgeons d'une vigueur ordinaire.

Donner un coup de serpette et casser partiellement les bourgeons gourmands.

Tailler en général les bourgeons ou rameaux qui sont déjà à fruit, immédiatement au-dessus du bouton à fruit complétement formé et le plus rapproché de la base.

CINQUIÈME ANNÉE DE PLANTATION.

Pendant la cinquième année et les années suivantes, les soins sont les mêmes que ceux que nous avons indiqués pendant la quatrième année ; il faut aussi veiller à la naissance et à l'entretien des rameaux à fruit.

I. *Les branches de charpente.* Ne jamais commencer, en général, un étage qu'après que les extrémités des étages inférieurs ont pris une direction ascendante, dût-on, à cet effet, passer *une*, *deux* ou *trois années sans établir d'étage*. En arboriculture, comme en bien des choses, il faut savoir attendre.

II. *Les branches à fruit.* Les soins sont les mêmes que ceux des années précédentes. Toutefois, si une coursonne porte plusieurs boutons à fruit, on n'en laissera, lors de la taille d'hiver, qu'un ou deux des plus rapprochés de la branche de charpente.

Ne jamais perdre de vue ce dernier conseil *en taillant les arbres d'un âge déjà avancé* qui portent souvent, sinon toujours, un grand nombre de boutons à fruit à l'extrémité de dards fortement ridés. Or, ces boutons, dont les dards n'ont pas de parties lisses, s'épanouissent au printemps ; mais le manque de séve empêche le fruit de se développer et d'arriver à point. Le Doyenné d'hiver, qui est une des meilleures espèces à cultiver en espalier, présente souvent de nombreux boutons à fruit que l'absence de séve rend stériles et par conséquent inutiles.

Résumé des soins à donner pendant la cinquième année et les années suivantes :

Ces soins peuvent se résumer en deux mots : ils ont pour but de maintenir l'équilibre, entre les branches similaires ou du même nom, par les procédés que nous avons exposés longuement pour en faire bien apprécier le double côté théorique et pratique, bien convaincu que nous sommes qu'on ne fait bien que ce que l'on comprend bien.

LES ARBRES A NOYAU

Le Pêcher.

Pour rendre intelligibles les principes de la taille du pêcher, il est nécessaire que nous les fassions précéder de quelques courtes observations.

Le fruit du poirier ne vient ordinairement que sur du bois de deux ou trois ans au moins, et tout rameau qui a produit du fruit peut en produire indéfiniment.

Le pêcher, au contraire, *ne produit jamais son fruit que sur le bois de l'année précédente*, et tout rameau qui a produit du fruit, n'en produira plus directement, quoi que l'on fasse; car il est après une première production condamné à la stérilité. Toutefois, cette stérilité n'est que relative, attendu que ce rameau a la propriété de produire en même temps que le fruit d'autres jeunes rameaux dont l'un d'eux peut succéder au premier; comme celui-ci, il portera avec du fruit un rameau de remplacement, et ainsi indéfiniment.

Obtenir régulièrement tous les ans, sur les branches coursonnes, à la fois et du fruit et des rameaux de remplacement aussi rapprochés que possible des branches de charpente, c'est là tout le secret de la taille du pêcher.

D'ailleurs, les moyens de faire et de conduire les branches de charpente sont les mêmes que pour le poirier. Les procédés employés pour maintenir ou rétablir l'équilibre sont aussi les mêmes que pour le poirier, à part le cran et les incisions auxquels il faut souvent renoncer dans la conduite des arbres à noyau, sous peine de les perdre par la gomme.

La taille et les greffes herbacées par approche sont les seuls moyens de faire naître les branches à fruit du pêcher. Nous n'aurions donc, pour faire connaître la culture de cet arbre, qu'à exposer avec détail les principes de l'entretien de la branche à fruit, et à renvoyer pour le reste à la taille du poirier.

Mais pour être plus clair et plus complet, nous planterons un jeune pêcher que nous suivrons pas à pas jusqu'à sa cinquième année.

PREMIÈRE ANNÉE.

Choix du sujet et taille de plantation.

On ne prendra dans la pépinière qu'un jeune arbre, d'un an de greffe, appelé scion.

Ce scion devra être, jusqu'à 30 centimètres de sa base, pourvu d'yeux à bois non développés en bourgeons anticipés. Le sujet sera rabattu l'année même de la plantation, à 25 ou 30 centimètres du sol, contrairement à ce que nous avons conseillé pour la culture du poirier, attendu que le pêcher n'émet pas, ou que fort difficilement, de bourgeons sur du bois de deux ans ou plus.

Retenons donc que les yeux à bois du pêcher se développent quelquefois l'année de leur formation, ou le plus ordinairement l'année suivante, mais rarement ou jamais plus tard.

PLANTATION. — Le jeune pêcher sera planté pour une palmette simple, ou Verrier, de manière à ce que les trois yeux combinés ou choisis soient bien disposés pour l'établissement du premier étage.

Pour qu'il en soit ainsi, il faut que les deux yeux

qui sont sensiblement opposés soient placés à droite
et à gauche, et que l'œil supérieur du milieu soit en
avant, c'est-à-dire en face de la personne qui regarde
le mur.

Naissance du premier étage. — Les trois yeux
combinés sont à une hauteur de
25 à 30 centimètres du sol, et le
sujet est rabattu au-dessus de
l'œil supérieur suivant la ligne
A B (fig. 36). Les trois yeux se
développent en bourgeons vigoureux à l'équilibre desquels nous
veillerons avec soin. L'applica-
tion d'un peu de cire à greffer
ou d'onguent de Saint-Fiacre

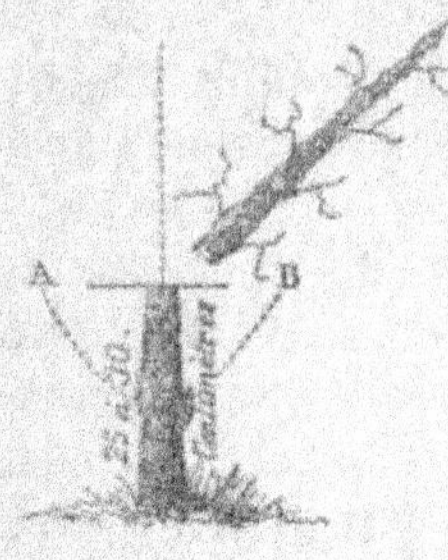

Fig. 36.

facilitera la cicatrisation de la plaie.

Équilibre des trois bourgeons. — Les inclinaisons, le palissage et le non palissage, devront
obtenir un développement harmonique des trois
bourgeons.

Une toile placée en avant du bourgeon en affaiblira
encore la vigueur, en le soustrayant à l'action de la
lumière solaire. Ce moyen, quoique peu usité, peut
être employé ; mais autant que possible, il ne faudra
jamais *avoir recours au pincement dans la conduite du
pêcher pendant la première année.*

DU PINCEMENT ET DES BOURGEONS ANTICIPÉS.

Le pêcher pousse ordinairement avec assez de vigueur pendant les premières années de plantation,
et sous l'influence de cette vigueur les jeunes bourgeons transforment leurs yeux de l'année en bour-

geons anticipés. Cette transformation se produit assez facilement sur la deuxième moitié supérieure des bourgeons, et ce n'est pas un inconvénient sérieux ; car la taille d'hiver doit retrancher cette moitié supérieure, et par conséquent les bourgeons anticipés qu'elle porte.

Mais une inclinaison excessive et surtout un pincement même modéré provoqueraient le développement en bourgeons anticipés des yeux de la base des jeunes bourgeons de charpente, et cet inconvénient est bien autrement grave que le premier.

En effet, les bourgeons anticipés n'ont jamais ni la force ni la durée des bourgeons ordinaires ; aussi les coursonnes et les branches de charpente issues des bourgeons anticipés ne valent jamais les autres.

AUTRE PRÉCAUTION. — Il ne faut pincer les bourgeons supplémentaires sortis des yeux 1, 2, 3 qu'après être sûr d'obtenir une bonne vigueur des bourgeons supérieurs C, D, E (fig. 37). D'ailleurs, l'un de ces trois bourgeons pourrait être cassé par le vent, ou coupé peu après sa naissance par un charançon qui l'arrêterait ainsi dans son développement. Il serait alors fort difficile, sinon impossible, de maintenir l'équilibre entre les trois bour-

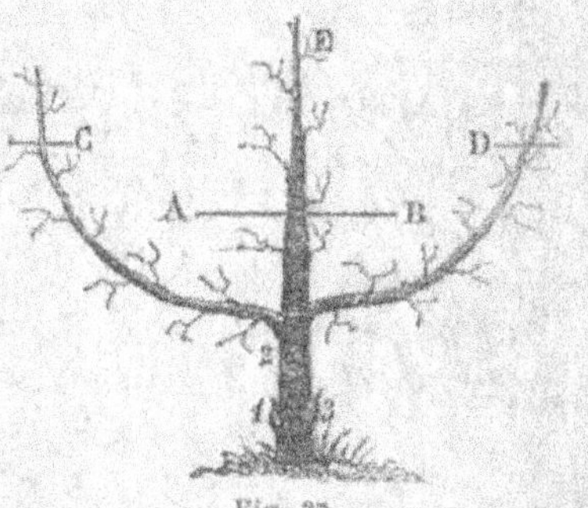

Fig. 37.

geons. Il faudrait, dans ce cas, se résigner à ajourner la formation du premier étage à l'année suivante. A cet effet, on laisserait développer librement l'œil inférieur 2, au besoin même l'un des yeux 1 et 3, et l'on pincerait les autres de plus en plus sévèrement,

4.

mais peu à peu, pour refouler la séve au profit du nouveau bourgeon de prolongement.

Mais nous supposons que des circonstances heureuses, comme un bon choix d'arbres, aient conjuré ce contre-temps, et que nous arrivons à la deuxième année avec un commencement de premier étage.

DEUXIÈME ANNÉE DE PLANTATION,

Ou deuxième année aussi des branches de charpente, et première année des rameaux à fruit.

L'arbre, à la taille d'hiver de la deuxième année, est représenté assez fidèlement par la figure 37. Notre attention doit se porter alors sur quatre points principaux : la *naissance* et l'*équilibre* des branches de charpente, la *naissance* et l'*équilibre* des branches à fruit.

Les branches de charpente.

1° NAISSANCE. — En général on ne doit pas établir d'étage à la deuxième année, pour les raisons que nous avons indiquées à la taille du poirier.

Le rameau E de prolongement sera donc coupé suivant A B (fig. 37) sur un œil placé en avant, et à moins de 30 centimètres du premier étage. Cet œil en se développant ne fera que prolonger la tige.

2° ÉQUILIBRE ET ENTRETIEN. — A mesure que le premier étage se développera, il sera abaissé peu à peu. Le palissage sur une baguette décrivant une ligne cintrée est une excellente méthode que nous recommandons, parce que la base des branches est ainsi courbée de bonne heure, alors que l'extrémité en est relevée pour faciliter l'action de la séve (fig. 37).

Mais l'une des deux branches du premier étage peut l'emporter sur l'autre en longueur et en grosseur, malgré les bons soins qu'on a pu leur donner l'été précédent.

S'il en est ainsi, lors de la première taille d'hiver on retranchera de la branche la plus faible le tiers ou le quart de sa longueur, assez pour assurer la naissance des rameaux à fruit, alors qu'on taillera plus court la branche la plus forte. On connaît déjà la raison de ce procédé que nous avons exposé à la taille du poirier.

Les rameaux à fruit, 1re année.

1° NAISSANCE. — Pour faire naître les branches à fruit, tenant compte de la vigueur de l'arbre, nous retrancherons en mars le tiers ou le quart des deux bourgeons C, D (fig. 37), en les coupant au-dessus d'un œil bien constitué placé *au-dessous* ou *en avant*: c'est le procédé le plus simple et le plus usité.

2° ÉQUILIBRE. — La taille des bras C, D fera développer un grand nombre de bourgeons ; mais les uns le plus ordinairement sont trop faibles, alors que les autres sont trop forts.

Nous avons déjà dit que la séve tend toujours à se porter dans les parties élevées ; nous apporterons donc tous nos soins, pendant le printemps et l'été, à contenir, par le pincement et le palissage, les bourgeons les plus voisins du bourgeon de prolongement.

1° *Par le pincement*. Règle générale. — Comme à Montreuil où l'on cultive si bien le pêcher, on doit, en été, laisser prendre à tous les bourgeons fruitiers une longueur de 30 centimètres, et ne les pincer qu'à cette longueur; mais si un bourgeon par sa position et son premier développement menace de devenir gourmand, il faudra en mai, juin, le pincer à 15 ou 20 centimètres au plus.

Ce pincement doit être fait de bonne heure, c'est-à-dire qu'il faut retrancher fort peu du bourgeon afin d'économiser la séve et d'apporter peu de trouble dans la végétation. La séve, arrêtée par ce pincement, se porte dans les bourgeons plus faibles et l'équilibre se rétablit.

2° *Par le palissage.* — Les bourgeons vigoureux doivent être palissés de bonne heure, c'est-à-dire en mai ou juin, et en leur donnant une direction telle qu'ils forment un angle plus ou moins aigu avec leur branche de charpente; s'il en est besoin, et pour maîtriser plus complétement le bourgeon, on le courbe à la même époque assez de court dans le talon.

Le palissage, en diminuant l'action combinée de l'air et de la lumière, arrête la végétation des bourgeons vigoureux, et les bourgeons faibles laissés libres n'en poussent qu'avec plus de vigueur.

TROISIÈME ANNÉE DE PLANTATION,

Ou troisième année des branches de charpente, et deuxième année des branches à fruit.

Branches de charpente.

ÉTABLISSEMENT ET ENTRETIEN. — Un deuxième étage pourra être établi la troisième année à 50 ou 60 centimètres du premier, si la vigueur de celui-ci le permet, par les procédés et les mêmes moyens que nous avons indiqués plus haut.

Branches à fruit.

Première taille d'hiver. — La première taille de la branche à fruit du pêcher présente quatre cas principaux :

1° Si la branche n'a que des *yeux à bois*, elle sera taillée immédiatement au-dessus des deux yeux les plus rapprochés de la base.

2° Si la branche, au contraire, n'a que des *yeux à fruit*, cette branche est mauvaise ; elle nous donnera son fruit, il est vrai, mais elle mourra ensuite ; il faudra donc la sacrifier à la seconde taille d'hiver.

3° Une branche, quoique faible, peut avoir un *œil à sa base* ; cet œil est précieux. Dans ce cas, il faut sacrifier le fruit et tailler immédiatement au-dessus de l'œil à bois.

4° Mais si la branche se présente pourvue à la fois d'*yeux à bois* à la base et d'*yeux à fruit* ailleurs, il faut tailler immédiatement au-dessus de la troisième ou de la quatrième fleur ; c'est là le principe.

Dans ce cas, la séve va se porter dans les yeux supérieurs, nous le savons ; mais trois moyens se présentent pour obtenir le développement des yeux de la base.

Le meilleur consiste dans les *pincements répétés à deux feuilles* des bourgeons qui accompagnent le fruit, et dans l'*ébourgeonnement complet* en mai des bourgeons inutiles, c'est-à-dire de ceux qui ne doivent ni abriter le fruit pendant l'année, ni servir de branche de remplacement pendant l'année suivante.

Cependant, si le fruit ne nouait pas, on couperait en juin le jeune rameau au-dessus des deux yeux de la base, afin d'en assurer mieux encore le développement ; c'est ce qu'on appelle faire le rapprochement en vert.

Le deuxième moyen consiste à éborgner à sec les yeux inutiles, opération qui se pratique en même temps que la taille d'hiver. Le troisième et dernier moyen consiste aussi dans l'usage du cran habilement pratiqué au-dessus des yeux dont on veut favoriser le développement ; et encore ces deux derniers moyens ne réussissent-ils bien qu'autant qu'ils sont secondés par le pincement et l'ébourgeonnement que nous venons d'indiquer (fig. 38).

Fig. 38. — Ébourgeonnement et pincement des rameaux à fruits.

QUATRIÈME ANNÉE DE PLANTATION.

Quatrième année aussi des branches de charpente, troisième année des branches à fruit, deuxième taille d'hiver.

Si la branche du quatrième cas que nous venons d'étudier a produit du fruit, et si les soins de l'été ont assuré le développement des bourgeons de remplacement, deux méthodes se présentent à nous pour traiter cette branche lors de la taille d'hiver : la méthode de Montreuil et la taille en crochet.

On donne à Montreuil deux coups de serpette pour tailler cette branche.

Le premier coup P (fig. 39) retranche avec le bourgeon supérieur la partie de la branche qui a produit du fruit, c'est-à-dire qu'il se donne immé-

diatement au-dessus du bourgeon de remplacement
le plus rapproché de la base s'il est bien constitué.

Le deuxième coup, D, s'applique immédiatement

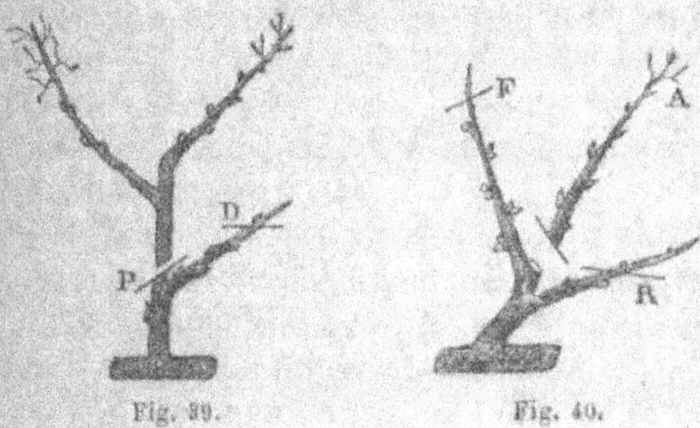

Fig. 39. Fig. 40.

au-dessus de la troisième ou de la quatrième fleur
du bourgeon conservé.

La taille en crochet (fig. 40) demande trois coups
de serpette.

Le premier retranche la partie de la coursonne A
qui a produit du fruit; le deuxième fait disparaître
de la branche supérieure de remplacement la partie
qui se trouve au-dessus de la troisième ou de la quatrième fleur F; le troisième et dernier coup s'applique immédiatement au-dessus du deuxième œil à
bois de la branche de remplacement R la plus rap-
prochée de la branche de charpente.

Cette taille a donc pour effet d'anéantir le passé,
pour répondre du présent et préparer l'avenir.

CINQUIÈME ANNÉE DE PLANTATION.

Pendant cette cinquième année, on donne les
mêmes soins que pour la précédente; mais c'est
particulièrement pendant cette année et les suivantes que l'on peut employer en juillet et août la

greffe par approche herbacée, et aussi la greffe en pointe pour le rétablissement des coursonnes.

NOTA. — La taille du pommier étant soumise aux mêmes règles que la taille du poirier, celle de l'abricotier à celle du pêcher ; il est inutile que nous parlions de la taille de ces deux arbres.

LA VIGNE

La vigne est un arbuste vigoureux et fertile dont la culture ne présente pas de difficultés sérieuses.

Disons de suite que la vigne ne produit son fruit que sur le bois de l'année, et que *tout rameau qui a produit du fruit ne doit plus en produire ;* mais avec le fruit, le bourgeon porte des yeux à bois dont le développement, l'année suivante, donnera à la fois du fruit et des yeux à bois pour le bourgeon de remplacement.

Les formes les plus simples sont suivies à Thomery dans la culture de la vigne.

Deux surtout sont généralement usitées : c'est la vigne en forme de T et les cordons verticaux à cordons alternes.

Fig. 41

Dans le premier cas, les vignes sont plantées à

40 centimètres de distance environ, et dans le second, à 35 ou à 70, suivant la hauteur des murs. A 35, si les murs n'ont que 2 mètres ou un peu plus alors les cordons 1, 3, 5, ou de rang impair, garnissent de leurs coursons la première moitié inférieure du mur, et les cordons de rang pair, 2, 4, 6, la seconde moitié supérieure (fig. 41).

Mais pour bien comprendre la conduite d'une vigne, nous en planterons un jeune pied que nous suivrons peu à peu jusqu'à la cinquième année.

Première année.

PLANTATION. — Le jeune pied est planté contre le mur ; la partie qui porte les racines est couchée dans une tranchée perpendiculaire au mur, longue au moins de 80 centimètres, large de 40, profonde de 30 à la partie inférieure et de 10 à la partie supérieure. Les racines sont étendues à droite et à gauche pour leur assurer un développement sans confusion (fig. 42).

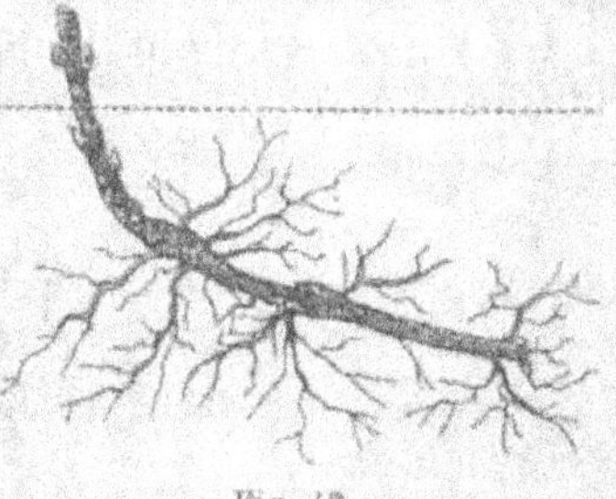

Fig. 42.

TAILLE DE PLANTATION. — En les plantant, et au plus tard en mars ou avril, on rabat les sarments sur deux ou trois yeux à partir du sol.

Travaux d'entretien en été. — Deux au moins des trois yeux se développent en bourgeons dans le courant du mois de mai ; on pince à la base les autres bourgeons qui peuvent naître pour ne conserver que les deux qui promettent le plus de vigueur. Ces deux bourgeons, à défaut d'autres systèmes de palissage, seront attachés sur un tuteur ou une baguette pour en favoriser le développement.

Quelque vigueur que prennent ces deux bourgeons, on ne les pincera que tard, afin d'exciter le développement des racines qui seront bientôt vigoureuses. C'est en août seulement que l'on rognera l'extrémité du bourgeon principal et les faux bourgeons pour mieux aoûter le bois.

Deuxième année de plantation.

Naissance des deux premières coursonnes
ou branches à fruit.

La vigne, à la deuxième année, aura l'aspect de la figure 43.

En février ou mars, on coupera les sarments CV suivant AB, et AT au point D au-dessus d'un bon œil et à la distance d'environ 50 centimètres du sol. La vigne ayant un bois creux, il faudra prendre la précaution de couper à 2 centimètres au moins de l'œil de prolongement, sinon cet œil, fatigué par l'eau que le canal médullaire absorbera facilement, se développera avec une faiblesse désespérante, si toutefois il ne s'éteint complètement.

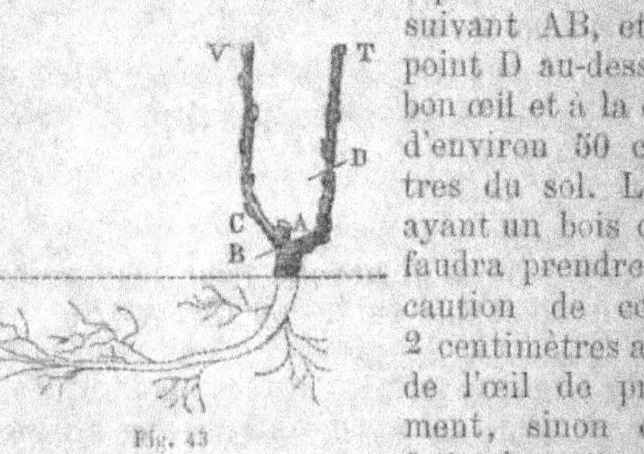

Fig. 43

Pendant le printemps, les deux yeux laissés au-dessous du bourgeon de prolongement se développeront, et ils seront pincés lorsqu'ils auront atteint environ 80 centimètres. Le bourgeon de prolongement ne sera pincé, en juin ou juillet, qu'à 1^m50 ou 2 mètres, et les faux bourgeons seront aussi pincés à la même époque à une ou deux feuilles suivant leur vigueur.

Les deux bourgeons pincés à environ 80 centimètres établiront les deux principaux coursons ou branches à fruit; l'autre, le bourgeon de prolongement, constituera la charpente.

Troisième année de plantation.

Deuxième année de rameaux à fruit,
ou première taille d'hiver.

LA CHARPENTE. — La formation de la branche de charpente se fait d'après le même procédé. Toutes les années on coupe sur trois yeux, dont les deux inférieurs se trouvent à 22 centimètres l'un de l'autre.

Il nous reste maintenant à faire connaître la première taille et les tailles suivantes de la branche à fruit.

PREMIÈRE TAILLE. — On coupe au-dessus des deux yeux (fig. 44), y compris celui de la base pour les chasselas et les espèces d'une vigueur moyenne. Le frankental, plus vigoureux, se coupe au-dessus du troisième ou quatrième œil.

Au printemps, les bourgeons seront palissés au fur et à mesure que la longueur l'exigera, et les autres bourgeons qui sortiraient des sous-yeux seront abattus.

Fig. 44.

En été, en juin ou au commencement de juillet, on pincera les bourgeons à 44 centimètres de leur base ; mais si alors le bourgeon supérieur manque de vigueur, ou s'il n'a pas de raisin, il sera sacrifié au profit de celui qui porte du fruit. Les faux bourgeons ou sous-yeux sont pincés à une feuille.

Quatrième année de plantation,

Ou deuxième taille d'hiver des rameaux à fruit.

CHARPENTE. — Les soins à donner à la charpente sont toujours les mêmes ; on taille les bourgeons de prolongement pour monter de deux coursons au plus.

Si les deux coursons ne se présentent pas bien à la distance convenable, on tord au besoin un peu le sarment de prolongement, et l'on amène ainsi les yeux dans la position voulue.

LES BRANCHES A FRUIT. — Les deux dernières doivent recevoir la première taille que nous connaissons déjà. Les autres branches à fruit doivent

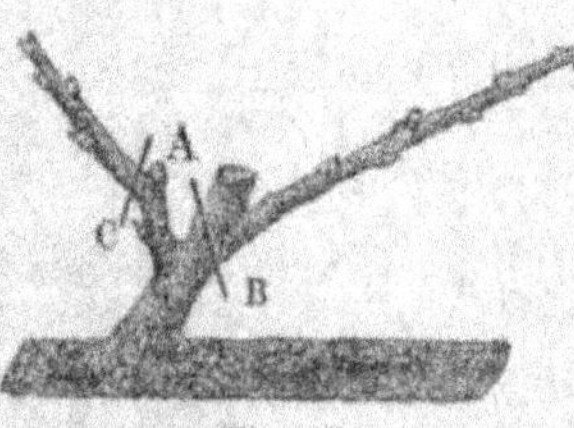

Fig. 43.

recevoir la deuxième taille d'hiver que nous allons indiquer : Un premier coup de serpette suivant AB (fig. 43) retranche le bourgeon supérieur et son talon ; le bourgeon inférieur est coupé, suivant AC, au-dessus des deux premiers yeux de la base. Les opérations seront désormais l'une de celles que nous venons d'indiquer.

De la restauration des vieilles coursonnes.

Si une coursonne allongée par des tailles successives présentait à sa base un jeune bourgeon, si faible qu'il fût, il faudrait en favoriser le développement pendant un an ou deux sans en demander de produit. A cet effet, on pincerait et l'on ébourgeonnerait sévèrement les bourgeons supérieurs pour refouler la séve dans ce jeune bourgeon de la base. En hiver, ce bourgeon sera taillé sur un seul œil bien constitué, jusqu'au moment où il pourra donner naissance à des pousses assez vigoureuses pour être très-fertiles. Alors on rabattra la partie de la vieille coursonne qui surmonte le point d'attache de ce bourgeon; c'est ainsi que sera restaurée la coursonne.

TROISIÈME PARTIE

—

ARBUSTES ET FLEURS

—

Nous savons combien un enfant est heureux lorsque, après avoir planté un jeune arbre, il le voit bourgeonner et se couvrir de feuilles et de fleurs. Chaque matin, il va contempler avec bonheur ce petit chef-d'œuvre qu'il croit sorti de ses mains, et dont il attend impatiemment les fruits.

Ce contentement si légitime est souvent partagé par la jeune sœur qui, courant toute joyeuse, s'empresse de montrer le produit de son travail; ce sont les fleurs qui l'occupent pendant ses instants de loisir. Aussi est-ce à vous, jeunes filles, que je destine les dernières pages de ce livre, où nous allons vous enseigner les moyens simples et toujours faciles d'embellir la demeure de votre père.

Les fleurs ne seront jamais ingrates pour vous qui les aimez. Semez-les au lever du soleil, plantez-les vers le soir, arrosez-les souvent, débarrassez les jeunes pousses des insectes qui leur nuisent, donnez-leur chaque jour les soins assidus que réclame la faiblesse de leur tige; bientôt, en récompense de vos peines, elles ouvriront leurs tendres corolles pour vous charmer par la beauté de leurs nuances, et vous donner, en même temps, leurs parfums les plus délicieux. Choisissez alors celles que vous désirez offrir à votre mère, qui recevra avec amour ce symbole de votre innocence et de la pureté de votre cœur.

Arbustes.

L'hiver de même que l'été, le jardin peut avoir ses embellissements. Si les fleurs manquent à l'époque des frimas, les arbres verts, les arbustes à feuilles persistantes peuvent du moins y suppléer en quelque sorte, en donnant un aspect moins triste à l'habitation de la famille.

On donne le nom d'arbustes à des végétaux de petite taille, et dont la plupart produisent ordinairement plusieurs tiges du pied.

On distingue deux sortes d'arbustes : les arbustes à feuilles persistantes, ou ceux auxquels les feuilles restent toujours vertes, et les arbustes à feuilles caduques, ou ceux desquels les feuilles tombent chaque année.

Ces arbustes, en général, s'achètent chez les pépiniéristes qui seuls les sèment et les cultivent. Cependant certains arbustes à feuilles caduques, tels que le lilas et le noisetier entre autres, se multiplient facilement de drageons ou pousses du pied, lesquels, arrachés ou replantés avec soin, deviendront plus tard aussi des pieds mères.

Pour la plantation des arbustes, on procédera au sujet des racines comme nous l'avons indiqué pour la plantation des arbres ordinaires ; on retranchera le tiers de la longueur des tiges aux arbustes à feuilles caduques.

Une chose importante à observer dans la plantation des arbustes, c'est la gradation. Il est certains végétaux qui, restant toujours petits, doivent être placés en première ligne; d'autres, dont la pousse s'élève davantage, demandent à être placés en seconde ligne; d'autres encore, dont les tiges doivent dépasser les secondes en élévation, devront occuper nécessairement la troisième ligne, et ainsi de suite. Du reste, on ne doit point faire ces sortes de plantation sans avoir préalablement demandé conseil; et il serait mieux encore de faire planter les arbustes par un jardinier dont les connaissances ne sont plus douteuses.

Parmi les arbustes verts à feuilles persistantes pour ornement d'un parterre ou pour formation d'un massif, nous indiquerons: l'Aucuba, le Buis argenté, le Houx vert, le Houx panaché, le Fusain vert, le Fusain panaché, le Laurier amande, le Laurier du Portugal, le Mahonia, le Rhododendron, la Troène du Japon et la Troène de Californie.

Parmi les arbustes à feuilles caduques, nous indiquerons : l'Altéa (variétés), le Baguenaudier, le Bois de Judé, l'Ebénier (variétés), l'Épine rose, le Groseillier sanguin, le Lilas, le Noisetier, le Rosier, la Spirée (variétés), le Sureau panaché et le Seringat.

Fleurs.

Au milieu de toutes les fleurs qui font l'ornement le plus beau, le plus gracieux de nos jardins, nous allons indiquer celles que l'on doit cultiver de préférence à chaque saison, avec l'indication de l'époque de leur semis, de leur plantation et de leur floraison.

Mais nous dirons d'abord que la plupart des fleurs s'obtiennent de semis, et que la première condition pour obtenir de beaux plants de fleurs

est de bien préparer la terre dans laquelle on doit
semer.

Il faut, à cet effet, mélanger une assez grande
quantité de terreau ou de fumier, en partie décomposé, à la terre du petit carré où l'on doit faire les
semis divers ; il faut aussi que les rayons tracés
avec le doigt soient à une distance de 10 centimètres
au moins.

Les graines, en général, doivent être semées plus
ou moins profondément, selon qu'elles sont plus ou
moins grosses. Les plus grosses demandent à être
recouvertes de 4 à 5 centimètres de terre ; les petites,
de 2 centimètres au plus ; pour les plus fines, un demi-
centimètre leur suffit.

Il est indispensable pour la germination de ces
graines d'arroser chaque jour que le temps l'exige ;
il est essentiel aussi d'ôter toutes les mauvaises
herbes qui viennent nuire aux jeunes plants de fleurs
que l'on enlève toujours dès qu'ils peuvent être
repiqués ailleurs.

Certaines fleurs, tel que le diclytra, se multiplient
par éclats de racines ; d'autres, tel que le glaïeul,
par les bulbes formant les racines ; d'autres encore,
tel que l'œillet, par boutures ; un autre enfin par
écusson : c'est le rosier, dont la taille des rameaux
se fait sur deux ou trois yeux de la base, en ayant
soin de dégager le centre de la tête.

Qu'est-ce qu'un arbuste ? — Quelles sont les deux sortes d'arbustes ?
— Comment plante-t-on les arbustes ? — Que faut-il observer dans la
plantation des arbustes ? — Comment s'obtiennent la plupart des
fleurs ? — Quelle est la première condition pour obtenir de beaux
plants de fleurs ? — Que faut-il faire à cet effet ? — Comment se
sèment les graines en général ? — Quels sont les autres modes de
multiplication des fleurs ?

TABLEAU

Indiquant l'époque du semis, de la plantation et de la floraison des principales fleurs de pleine terre qui peuvent être cultivées dans tous les jardins.

Mars.

Semez : Le pied d'alouette, la giroflée.

Plantez : La violette des quatre saisons, la julienne, les oignons de glaïeuls, le diclytra, le lilas, les rosiers.

Sont en fleurs : La violette, l'aubriétia, la primevère des jardins, la giroflée.

Avril.

Semez : La reine marguerite, les œillets, la balsamine, le pétunia, le zinnia, le réséda, la rose d'Inde, la belle de jour la belle de nuit et le phlox.

Plantez : Le fuschsia, le géranium, l'héliotrope, les arbustes à feuilles persistantes et les conifères.

Sont en fleurs : La violette, les pensées, les silènes, le diclytra, et le groseillier sanguin.

Mai.

Semez : Mêmes semis qu'en avril, plus mauves variées et roses trémières.

Plantez : Le dahlia, le pétunia, le zinnia, la quarantaine, le phlox, la verveine.

Sont en fleurs : le pied d'alouette, les œillets de poëte, la tulipe, les jacinthes et le lilas.

Juin.

Semez : Les œillets de poëte, la campanule, l'ancolie des jardins pour être repiqués en août, et mis en place en mars suivant. Bouturer l'hortensia.

Plantez : La balsamine, la reine marguerite, l'œillet d'Inde, la rose d'Inde, la belle de jour et la belle de nuit.

Sont en fleurs : Les rosiers, les œillets variés, le pétunia, le fuschsia, le géranium, l'héliotrope et la verveine.

Juillet.

Semez : La violette, la pensée et la silène, pour être repiquées en septembre, et mises en place en mars suivant.

Plantez : Mêmes plantations qu'en juin, mais en mottes ou en pots. Greffer les rosiers.

Sont en fleurs : La balsamine, le zinnia, la mauve (variétés), le phlox, l'hortensia, la spirée (variétés), l'altéa (variétés), et beaucoup d'autres arbustes.

Août.

Semis et plantations à peu près nuls ; mais ce mois est l'époque préférable pour les boutures en général.

Sont en fleurs : La reine marguerite, la belle de jour, la belle de nuit, le réséda, les glaïeuls, le dahlia et le baguenaudier.

Septembre.

Semez : Les silènes et les pieds d'alouette en bordure.

Plantez : La chrysanthème qui se multiplie par éclats des pieds.

Sont en fleurs : Les mêmes plantes qu'en août.

Octobre.

Semez : Rien.

Plantez : L'aubriétia, l'héliotrope d'hiver et les arbustes à feuilles caduques.

Sont en fleurs : L'hellébore ou rose de Noël et commence la chrysanthème.

Novembre.

Semez : Rien.

Plantez : Oignons de jacinthe, tulipe, perce-neige, primevère, et, préférablement au printemps, la violette des quatre saisons, le diclytra, le lilas et les rosiers.

Est en fleur : La chrysanthème.

Les plantes grimpantes pour berceau sont : le *lierre*, la *vigne vierge*, la *clématite*, la *glycine*, le *jasmin*, l'*aristoloche* et le *houblon* quand on est très-pressé de jouir.

PLAN DE JARDIN

Nous pensons être utile aux instituteurs et aux propriétaires en leur soumettant un plan de jardin, d'une contenance approximative de six ares, et qui peut facilement, par ses dispositions, alimenter de légumes et de fruits un ménage composé de quatre personnes au moins.

On pourra toujours apporter les changements que l'on jugera nécessaires aux diverses dispositions que nous avons adoptées, si l'ensemble du terrain l'exige impérieusement, sans toutefois rien changer au mode de semis ou de plantation que nous indiquons pour chacune des quatre années successives.

Nous recommanderons encore tout particulièrement de ne planter aucun arbre fruitier à haute tige à proximité des carrés réservés aux légumes. Ces arbres, par l'étendue de leurs branches, arrêtent la lumière et l'air, les deux éléments essentiels à la bonne fructification des plantes potagères.

La partie supérieure du jardin est réservée aux arbres à haute tige, aux arbustes et au berceau. De chaque côté des extrémités, on devra construire un trou, l'un destiné à recevoir le fumier d'attente, l'autre les herbes du jardin.

Plan. — B, Berceau ; P, P, Pruniers ; A, Abricotier ; C, Cerisier ; a, arbustes divers ; H, Herbes ; F, Fumier.

Tout jardin d'instituteur doit avoir une pépinière :

si petite qu'elle soit, elle sera toujours bien précieuse pour certaines démonstrations urgentes à faire sous les yeux des élèves de l'école; elle est d'ailleurs la base de la richesse d'un jardin bien dirigé.

Nous réservons également un carré pour les expériences agricoles et horticoles. Ces expériences faites aussi en présence des enfants éveillent en eux le goût des choses rurales, et contribuent souvent à leur faire aimer les travaux auxquels ils seront appelés dans le cours de leur vie.

On choisira le côté des deux plates-bandes ayant la plus belle exposition pour y planter le chasselas en cordons doubles (fig. 41) à 2^m 30 de distance et à 30 centimètres de l'allée. La hauteur du premier cordon sera de 60 centimètres et le deuxième de 1^m 20. Des piquets en bois seront placés à la distance de 5 mètres pour supporter les quatre fils de fer galvanisé auxquels seront attachés les cordons et les bourgeons de la vigne.

Dans l'autre plate-bande, on plantera également à 30 centimètres de l'allée et à 4 mètres de distance des pommiers de calvil, de canada, et des poiriers dont l'espèce permet le contre-espalier. Des piquets et des fils de fer seront placés de même que pour la vigne; les contre-espaliers ne doivent avoir que quatre étages au plus.

Entre la haie et la vigne on pourra planter des framboisiers à 1 mètre de distance, et à 10 centimètres de l'allée, des fraisiers des quatre saisons.

De l'autre côté, entre la haie et les arbres, on pourra également planter à 1 mètre des groseilliers qui seront dirigés en boule sur une seule tige, mais à 20 centimètres de l'allée.

Il est entendu que si le jardin est entouré de haie vive, elle sera taillée chaque année à 1 mètre du sol, et coupée de nouveau en juillet, si le besoin l'exige.

Si, au contraire, le jardin est clos de mur, on plantera les arbres fruitiers à 10 centimètres du mur, en suivant les indications que nous avons données au sujet des plantations en général. Les groseilliers et les framboisiers devront, dans ce cas, trouver place ailleurs.

Dans ce plan, le terrain destiné aux légumes sera traversé dans toute sa longueur par une allée de 1^m 20 de large. Les autres allées, ainsi que les plates-bandes, auront 1 mètre de large seulement.

Il sera planté, à 10 centimètres des allées latérales et à environ 1^m 50 de distance : d'un côté, une ligne de poiriers en cordons horizontaux, et de l'autre côté, une ligne de pommiers sous même forme.

Dans la première allée transversale, on sèmera d'un côté, persil et cerfeuil; de l'autre côté, échalotte et ciboule. La seconde allée sera entièrement réservée pour les semis d'oseille.

Si nous avons trouvé au jardin une place pour toutes choses utiles au ménage, il est juste que nous trouvions un endroit pour l'agréable. La plate-bande à l'entrée du jardin sera exclusivement réservée aux fleurs de pleine terre.

PLAN DE JARDIN

Contenance : environ 6 ares.

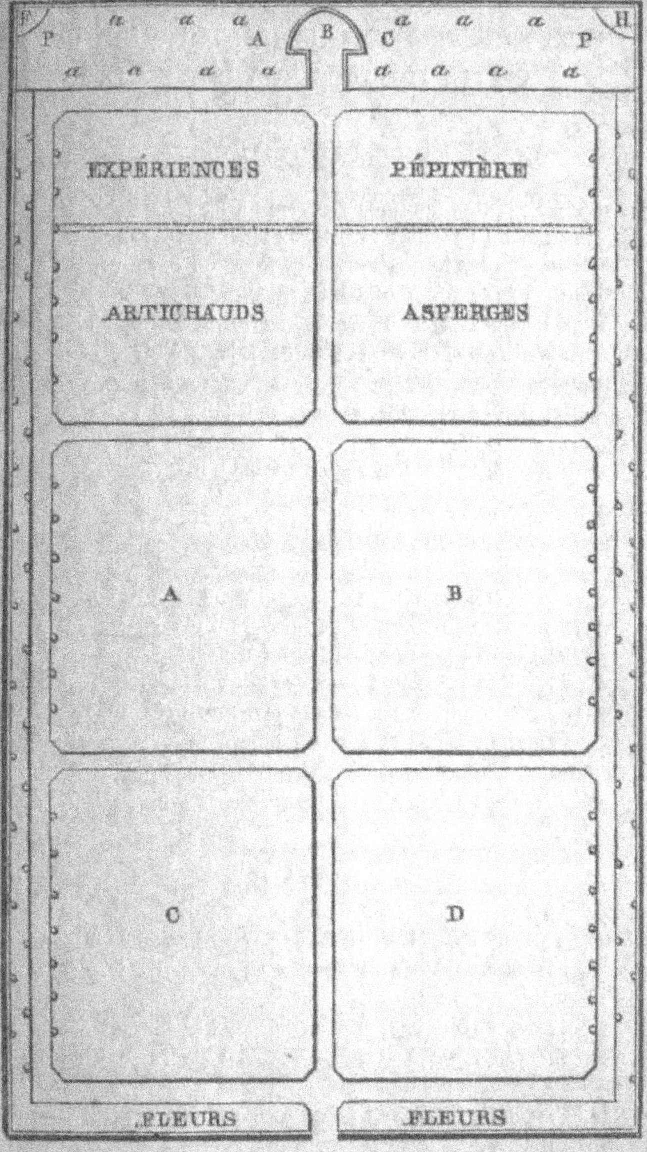

Ordre du semis et de la plantation des carrés réservés aux légumes.

LE CARRÉ A.

1ʳᵉ ANNÉE : Plantez pommes de terre hâtives.
Après la récolte : Bêchez et plantez choux d'hiver.
2ᵉ ANNÉE : Plantez haricots, pois et fèves en bordure.
Après la récolte : Binez et semez mâches.
3ᵉ ANNÉE : Semez carottes, choux, navets et salsifis en bordure.
Après la récolte : Bêchez et plantez salade d'hiver et oignons blancs.
4ᵉ ANNÉE : Semez oignons, salade, poireaux et radis en bordure.
Après la récolte : Binez et semez navets d'hiver.

LE CARRÉ B.

1ʳᵉ ANNÉE : Semez oignons, salade, poireaux et radis en bordure.
Après la récolte : Binez et semez navets d'hiver.
2ᵉ ANNÉE : Plantez pommes de terre hâtives.
Après la récolte : Bêchez et plantez choux d'hiver.
3ᵉ ANNÉE : Plantez haricots, pois et fèves en bordure.
Après la récolte : Binez et semez mâches.
4ᵉ ANNÉE : Semez carottes, choux, navets et salsifis en bordure.
Après la récolte : Bêchez et plantez salade d'hiver et oignons blancs.

LE CARRÉ C.

1ʳᵉ ANNÉE : Semez carottes, choux, navets et salsifis en bordure.
Après la récolte : Bêchez et plantez salade d'hiver et oignons blancs.
2ᵉ ANNÉE : Semez oignons, salade, poireaux et radis en bordure.
Après la récolte : Binez et semez navets d'hiver.
3ᵉ ANNÉE : Plantez pommes de terre hâtives.
Après la récolte : Bêchez et plantez choux d'hiver.

4ᵉ ANNÉE : Plantez haricots, pois et fèves en bordure.
Après la récolte : Binez et semez mâches :

LE CARRÉ D.

1ʳᵉ ANNÉE : Plantez haricots, pois et fèves en bordure.
Après la récolte : Binez et semez mâches.
2ᵉ ANNÉE : Semez carottes, choux, navets et salsifis en bordure.
Après la récolte : Bêchez et plantez salade d'hiver et oignons blancs.
3ᵉ ANNÉE : Semez oignons, salade, poireaux et radis en bordure·
Après la récolte : Binez et semez navets d'hiver.
4ᵉ ANNÉE : Plantez pommes de terre hâtives.
Après la récolte : Bêchez et plantez choux d'hiver.

FIN

TABLE DES MATIÈRES

Première partie

De la germination. 1
De l'accroissement des plantes. 2
De la circulation de la sève. 2
De la fructification 3
Du potager. 4
Légumes secs.
Le haricot. 5
Le pois 5
La fève 6
Légumes verts tuberculeux, racines.
La pomme de terre 6
La carotte 8
Le navet. 8
Le panais 9
Le radis. 9
La betterave. 10
Le céleri. 10
Le raifort 11
Le salsifis 11
L'igname. 11
Le cerfeuil bulbeux 12
L'oignon. 13
Le poireau. 13
L'ail. 14
L'échalotte. 14
La ciboule. 15
Le chou 15
La laitue. 16
La mâche 17
Le persil et cerfeuil. . . . 17
L'oseille. 17
L'épinard 18
L'artichaud 18

L'asperge 19
Légumes verts à fruits comestibles.
Le fraisier 20
La tomate 21
Courge, citrouille, potiron. 22
Le melon 22

Deuxième partie

Des arbres fruitiers. . . . 25
Multiplication des arbres fruitiers. 28
De la greffe en fente . . . 28
De la greffe en couronne. . 30
De la greffe en écusson . . 31
Greffe avec des productions fruitières. 33
De la greffe par approche . 34
De la bouture et de la marcotte. 35
Du sol, de l'exposition et des formes qui conviennent aux arbres fruitiers.
Le poirier 36
Le pommier 38
Le pêcher 39
L'abricotier. 40
Le cerisier. 41
Le prunier 42
La vigne. 43
Le groseillier. 44
Le framboisier 45
Le cognassier 45
Le néflier 46
Le figuier 46
Le noisetier 47

De la plantation des arbres fruitiers 47
Taille et mise à fruit, principes généraux 52
De la naissance des branches de charpente 55
Obtention du premier étage :
1º Méthode ordinaire ou par les deux yeux principaux . 56
2º Par l'œil principal et les yeux stipulaires 58
3º Méthode du double pincement 57
4º Par la greffe en écusson . 58
5º Par le cran 58
Moyens à employer pour affaiblir ou fortifier les différentes branches d'une forme quelconque 59

Naissance et entretien de la branche à fruit 60
LES ARBRES A PEPIN . . . 60
Le poirier 61
LES ARBRES A NOYAU . . 78
Le pêcher 78
LA VIGNE 88
Restauration de la vigne . . 93

Troisième partie

Arbustes et fleurs 95
Tableau du semis, de la plantation et de la floraison des principales fleurs de pleine terre 99
Plan de jardin 105
Ordre du semis et de plantation au jardin 106

FIN DE LA TABLE

33. PARIS. — ÉDOUARD BLOT ET FILS AÎNÉ, IMPRIMEURS, RUE BLEUE 7.